# Die Europa Rakete

## Technik und Geschichte

Edition Raumfahrt kompakt

FSC
www.fsc.org
MIX
Papier aus ver-
antwortungsvollen
Quellen
Paper from
responsible sources
FSC® C105338

Bibliografische Information der Deutschen Nationalbibliothek:

Die Deutsche Nationalbibliothek verzeichnet diese Publikation in der Deutschen National-
bibliografie; detaillierte bibliografische Daten sind im Internet über
http://dnb.d-nb.de abrufbar.

Edition Raumfahrt
© 2010-2015 Bernd Leitenberger
http://www.raumfahrtbuecher.de
Herstellung und Verlag: Books on Demand GmbH, Norderstedt
2. Auflage 2015
ISBN-13: 978-3-7347-6101-0

# Die Europa Rakete

## Technik und Geschichte

Edition Raumfahrt kompakt

# Inhaltsverzeichnis

# Vorwort

Dieser Band ist eine Auskopplung des Buches „Europäische Trägerraketen Band 1", der die Raketenentwicklung von der Diamant bis zur Ariane 4 behandelt. Er bietet dem Leser, der nur an der Europarakete interessiert ist, eine preiswerte Alternative zu diesem Buch.

Die Auflage 2 ist gegenüber der Auflage 1 weitgehend unverändert. Ich habe einige Daten zu den nicht durchführten ELDO-Projekten aktualisiert. Sofern möglich hebe ich für die ELDO-Projekte dieselben Typenblätter mit einem Steckbrief der Daten verfasst, wie bei der Europa I und II. Daneben wurde die Rechtschreibung überprüft. Neu ist auch ein Abkürzungsverzeichnis am Ende des Buches, dafür wurde das einführende Kapitel über die Grundlagen der Antriebe gekürzt.

Wesentlicher Antrieb trotz der wenigen Änderungen trotzdem das Buch erneut zu veröffentlichen waren günstigere Druckkonditionen die eine deutliche Preissenkung zuließen und der inzwischen mögliche EBook Vertrieb, der bei der ersten Auflage 2010 noch nicht möglich war.


Und nun viel Spaß beim Lesen


Bernd Leitenberger

# Die Aufholjagd bei den Technologien

Europa begann mit der Entwicklung der Raketentechnologie recht spät. Das hatte nachvollziehbare Gründe. Nach dem Zweiten Weltkrieg gab es dringendere Probleme. Die geografische Nähe zu den Ländern des Warschauer Pakts erforderte keine Raketen, um das Land des Gegners zu erreichen. Atombomben, welche der Antrieb für die Raketentwicklung in den USA und der UdSSR waren, wurden auch erst später und in kleinerer Zahl als bei den beiden Supermächten entwickelt. Weiterhin hatten Russland und die USA fast alle Experten übernommen, die in Deutschland die A4 und andere Raketen entwickelt hatten. Europas Einstieg in die Trägertechnologie erfolgte daher recht spät und begann praktisch bei „Null".

Am weitesten waren Anfang der sechziger Jahre die Engländer. Sie hatten die Blue Streak entwickelt – immerhin auf der technologischen Stufe der Thor oder Atlas, aber mit Triebwerken, die in Lizenz gefertigt wurden. Die USA halfen mit der Freigabe von Lizenzen, aber auch bei der Konstruktion. Sie waren daran interessiert auch in Europa Raketen auf die Sowjetunion gerichtet zu haben, um die Bedrohung zu verstärken. England verfügte mit der Black Knight zudem über einen Träger mit selbst entwickelten Triebwerken, wenn auch mit der ungewöhnlichen und nicht sehr leistungsfähigen Kombination Wasserstoffperoxid / Kerosin und einem nur geringen Schub.

Frankreichs Trägerrakete Diamant A hinkte in vielen Dingen hinterher. Die erste Stufe verwendete die veraltete Kombination von Salpetersäure und Terpentinöl. Statt eine Turbine mit Turbopumpe zu verwenden, wurde die gesamte Stufe unter Druckgas gesetzt, wodurch die Leermasse anstieg. Die zweite Stufe verwendete einen Feststoffantrieb mit hoher Leermasse, doch bei der dritten Stufe hatte Frankreich technologisch gleichgezogen. Ein leichtes Glasfasergewebe bildete die Brennkammer, und ihr spezifischer Impuls war hoch. Dasselbe galt auch für die dritte Stufe der britischen Black Arrow. Bei beiden Nationen waren militärische Gründe für die Entwicklung ausschlaggebend. England baute eine Atlas ohne Marschtriebwerk nach, beendete die Entwicklung aber vorzeitig. Frankreich plante schon damals eine eigene Raketentruppe, die natürlich eigene Raketen einsetzen sollten. Gemäß der militärischen Planung mussten diese nicht wie die Blue Streak Moskau erreichen, sondern nur Deutschland, konnten also kleiner ausfallen.

Die ebenfalls in den sechziger Jahren entwickelte Europa-Rakete der europäischen Raumfahrtorganisation ELDO war ein sehr teurer Träger. Zum einen, weil die Verteilung der Aufträge nach Proporz, anstatt nach fachlicher Kompetenz, zu deutlichen Mehrausgaben führte. Zum andern erforderte ein Träger in dieser Größenordnung generell hohe Aufwendungen für Entwicklung, Schaffung von Infrastruktur und Know-How. Von dem Programm zur Entwicklung der Europa-Rakete profitierte vor allem Deutschland, wo es seit dem Exodus der weltbesten Raketenspezialisten am Ende des Zweiten Weltkriegs keine Erfahrungen mit Trägerraketen mehr gab. Deutschland übernahm mit der Entwicklung der dritten Stufe im Entwicklungsprogramm den technologisch aufwendigsten Part. Die Astris genannte Stufe war in ihrer Auslegung mit modernen US-Oberstufen wie der Delta vergleichbar. Neue Technologien wurden dafür entwickelt, wie das Elektronenschweißen oder Explosionsverformen.

Europas Rückstand wurde in den Siebziger Jahren mit dem Ariane-Programm fast aufgeholt. Dieses Programm konnte auf den Vorinvestitionen für die Europa-Rakete aufbauen und wurde daher erheblich preisgünstiger. Die ersten beiden Stufen wurden bewusst einfach gefertigt, mit Triebwerken mittlerer Leistung und einer robusten und nicht besonders leichtgewichtigen Konstruktion. Der Grund dafür war die Minimierung der Entwicklungskosten. Auf der anderen Seite wurde in der dritten Stufe erstmalig außerhalb der USA Wasserstoff als Treibstoff genutzt. Die mit diesem Treibstoff betriebenen Oberstufenversionen der Ariane, H8/H10, entpuppten sich als zuverlässiger als die amerikanische Centaur-Oberstufe, waren aber erheblich preiswerter in der Herstellung.

Die Ariane-5 setzte ab den Neunziger Jahren neue Maßstäbe. Erstmals wurden in Europa sehr große Feststofftriebwerke gebaut. Sie waren leichter als die Booster der Titan-4 und zudem günstiger in der Produktion. Das in der Zentralstufe der Ariane-5 verwendete Vulcain ist das größte und leistungsfähigste Triebwerk, das Wasserstoff im Nebenstromverfahren verbrennt. Die Aestus-Oberstufe erreicht mit einer sehr leichten Konstruktion einen sehr hohen spezifischen Impuls für eine druckgeförderte Stufe. Mit dem Vinci-Triebwerk, das sich für den Einsatz in der Oberstufe ESC-B in der Entwicklung befindet, wird auch in Europa erstmals ein Triebwerk nach dem „Expander Cycle" eingesetzt werden – mit dem höchsten spezifischen Impuls, den bisher ein chemisch betriebenes Triebwerk erreicht hat.

Die für den Einsatz ab 2012 eingesetzten kleinen Trägerrakete Vega schließlich nutzt leichte Kohlefaserverbundwerkstoffe für das Gehäusem. Auch hier setzt die P85FW Stufe einen Weltrekord. Es scheint, als hätte Europa inzwischen in nahezu allen Technologien die USA überholt. Die einzige Ausnahme ist die Nutzung des „Staged Combustion" Prinzips, nach dem die Shuttle-Haupttriebwerke und auch zahlreiche russische Antriebe arbeiten. Zwar gibt es bisher kein Triebwerk dieser Technologie in einer europäischen Rakete, doch unbekannt ist das Verfahren bei uns nicht. Schon 1963 begann die deutsche Firma MBB diese Technologie zu erforschen und entwickelte den Versuchsantrieb P111 mit 60 kN Schub. Die Haupttriebwerke des Space Shuttles arbeiten nach den von MBB entwickelten Prinzipien, die vom Hersteller der Shuttle-Haupttriebwerke, der amerikanischen Firma Rocketdyne, lizenziert wurden.

# Treibstoffförderung

Jedes Raketentriebwerk verbrennt Treibstoff unter hohem Druck. Dabei muss der Druck beim Einspritzen in die Brennkammer größer sein, als der durch die Verbrennung erzeugte Druck in der Brennkammer. Anhand des Verfahrens, wie der Treibstoff gegen den Verbrennungsdruck in die Brennkammer eingespritzt wird, unterscheidet man verschiedene Typen von Raketenmotoren.

Bei der **Druckgasförderung** stehen die Tanks selbst unter Druck. Dies limitiert den Brennkammerdruck auf niedrige Werte. Weiterhin werden die Tanks schwer, vor allem, wenn sie nicht kugelförmig sind. Zylindrische Tanks müssen versteift werden, um nicht durch den Druck auszubeulen. Diese Art der Treibstoffförderung ist zwar technisch sehr einfach und zuverlässig, kann aber nur bei kleineren Stufen wie beispielsweise der Astris oder EPS eingesetzt werden. Sie ist bei Satellitenantrieben die einzige Form der Treibstoffförderung, auch weil bei hypergolen Triebwerken es reicht, die Ventile zu den Treibstoffleitungen zu öffnen, um das Triebwerk zu zünden. Es entfällt eine komplexe Anlasssequenz, die bei den anderen Verfahren nötig ist.

Beim klassischen **Nebenstromverfahren** wird ein Teil des Treibstoffes in einem Gasgenerator verbrannt. Das dabei entstehende Druckgas treibt eine Turbine an, welche die Leistung für die Treibstoff-Turbopumpe aufbringt. Die Bezeichnung Nebenstromverfahren resultiert aus den beiden Treibstoffströmen zur Brennkammer und zum Gasgenerator. Der Förderdruck kann nun viel höher als der Tankdruck sein. Damit nicht zu hohe Temperaturen entstehen, wird üblicherweise der Verbrennungsträger im Überschuss verbrannt. Das Nebenstromverfahren ist zuverlässig und erprobt, hat aber technologische Grenzen. Bei hohen Brennkammerdrücken sinken die Wirkungsgrade der Turbopumpen stark ab und der Aufwand für die Treibstoffförderung steigt. Das Vulcain Triebwerk setzt hier mit 120 bar einen Rekord, die meisten anderen Triebwerke mit Gasgenerator Betrieb bleiben unter 100 bar Brennkammerdruck. Weiterhin kann beim Nebenstromverfahren das Gas für den Gasgenerator nicht für die Verbrennung genutzt werden. Die Menge des Treibstoffs, die vom Gasgenerator benötigt wird, steigt mit steigendem Förderdruck an. Sehr deutlich zeigt sich dies beim Übergang vom Vulcain zum Vulcain 2: Bei der Steigerung des Brennkammerdrucks von 110 auf 118 bar – also um 7% stieg der Anteil des Stroms zum Gasgenerator um 30%. Das Abgas des Gasgenerators wird zum Teil genutzt, z. B. um die Triebwerke zu schwenken oder mit Düsen die Rollachse zu stabilisieren. Der größte Teil wird aber über einen "Auspuff" neben dem Triebwerk entlassen, der z. B. bei der Abbildung des HM-7B auf S. Fehler: Referenz nicht gefunden rechts zu erkennen.

Beim **Hauptstromverfahren** wird der gesamte Treibstoff verbrannt und es wird kein Gasgenerator benötigt. Etabliert haben sich zwei Verfahren. Beim "**Staged Combustion**" Verfahren wird der Treibstoff teilweise in einem Vorbrenner verbrannt (zum Beispiel der ganze Verbrennungsträger mit einem Teil des Oxidators). Das erzeugte heiße Gas treibt dann die Turbopumpe an. Dabei werden sehr hohe Förderdrücke durch die große Gasmenge erreicht und dieses Gas mit dem Rest des Oxidators dann in die Brennkammer zur vollständigen Verbrennung eingespritzt. Durch den hohen Brennkammerdruck von über 200 bar wird der Treibstoff besonders gut ausgenützt und es gibt kein unverbranntes Gas wie beim Nebenstromverfahren. Dieses Verfahren setzen die meisten modernen russischen Triebwerke wie das RD-180 ein. Auch das SSME (Space Shuttle Main Engine) arbeitet nach diesem Verfahren. In Europa gibt es noch kein Triebwerk, welches das „Staged Combustion" Verfahren in der Praxis einsetzt.

Das „**Expander Cycle**" Verfahren ist das zweite Hauptstromverfahren. Der gesamte Verbrennungsträger durchströmt zuerst die Brennkammerwand zur Kühlung, erwärmt sich und verdampft. Das Gas treibt dann die Turbopumpe an. Praktisch anwendbar ist das Verfahren nur bei Wasserstoff und Methan, da andere Treibstoffe nicht bei der Kühlung so weit erwärmt werden, dass sie verdampfen. Da die erzeugte Gasmenge und Temperatur von der aufgenommenen Wärmemenge abhängt, eignet sich dieses Verfahren nur für kleine bis mittelgroße Triebwerke bis etwa 300 kN Schub; da die Oberfläche der Brennkammer quadratisch zum Durchmesser ansteigt, der Schub aber in der dritten Potenz. Vinci ist das bisher erste Triebwerk in Europa, welches dieses Verfahren einsetzt. Erstmals wurde es im RL-10, welches die Centaur Oberstufe antreibt, erprobt.

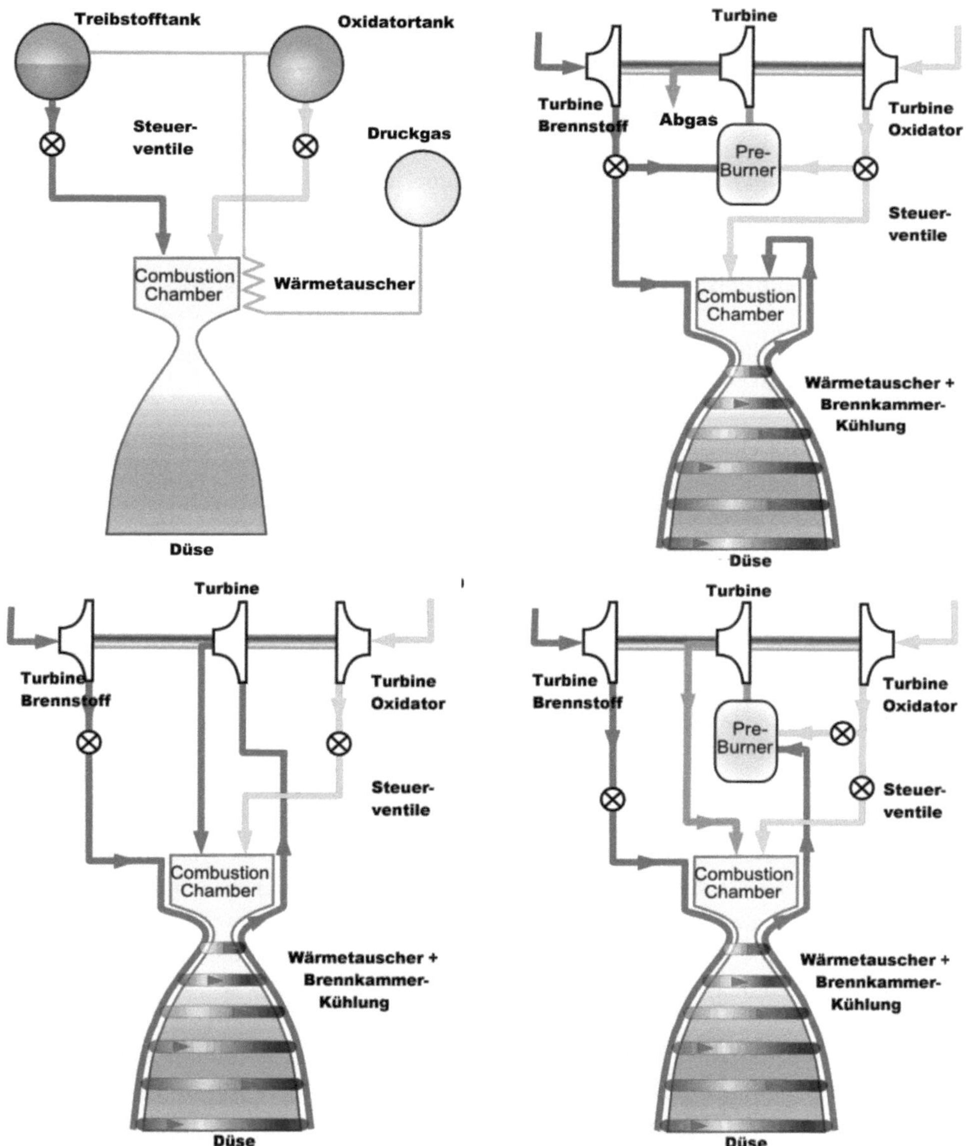



*Abbildung 1: Die Treibstoffförderungsverfahren. Im Uhrzeigersinn: Druckgasförderung, Gasgeneratorprinzip, Expander Cycle,Staged Combustion*

11

# Erdumlaufbahnen

Im Zusammenhang mit Erdumlaufbahnen werden immer wieder gewisse Begriffe verwendet, die hier kurz erläutert werden sollen. Unter dem **Perigäum** wird der erdnächste Punkt einer elliptischen Umlaufbahn verstanden; der erdfernste Punkt wird als **Apogäum** bezeichnet. Jede Bahn hat eine Neigung zum Äquator, die **Inklination**. Sie legt fest, welche Gebiete der Satellit bei seinen Umläufen überfliegen kann. Eine Bahnneigung (Inklination) von 50 Grad bedeutet also, dass ein Satellit die Erde zwischen 50 Grad nördlicher und 50 Grad südlicher Breite überfliegt und nie höhere Breiten als 50 Grad erreicht.

Es gibt Erdumlaufbahnen mit einer besonderen Bedeutung. Sie werden mit folgenden Abkürzungen bezeichnet:

- **LEO** (Low Earth Orbit): In diesen Orbit können Trägerraketen die größte Nutzlast befördern. Die Bahnhöhe ist niedrig und liegt üblicherweise bei 180 bis 300 km. Die Nutzlast einer Trägerrakete wird maximiert, wenn die Inklination des LEO der geografischen Breite ihres Startplatzes entspricht. Oftmals ist ein LEO nur eine Übergangsbahn zur Erreichung anderer Orbits.

- **PEO** (Polar Earth Orbit): Dies ist eine Bahn, welche direkt über die Pole führt und so die Beobachtung der ganzen Erde ermöglicht. Die Bahnhöhe liegt höher als beim LEO, da sonst die Restatmosphäre den Satelliten rasch wieder zum Verglühen bringen würde.

- **SSO** (Sun-Synchronous Orbit): Der sonnensynchrone Orbit ist die wichtigste Umlaufbahn für die Erdbeobachtung. Die Neigung ist etwas größer als beim PEO und liegt je nach Bahnhöhe bei etwa 96 bis 110 Grad. Die typische Bahnhöhe beträgt etwa 600 bis 1.000 km. Ein Satellit in dieser Bahn passiert ein Gebiet auf der Erde immer zur gleichen lokalen Uhrzeit, sodass der Schattenwurf bei Aufnahmen aus verschiedenen Umläufen identisch ist. Das erleichtert die Auswertung. Weiterhin werden die Solarpaneele ohne Unterbrechung beschienen und sichern so die Energieversorgung.

- **GEO** (Geo-Synchronous Orbit): Der geosynchrone Orbit liegt in rund 36.000 km Höhe über dem Äquator (Inklination;: Null Grad). Ein Satellit in einem GEO umkreist die Erde einmal in 24 Stunden. Da diese sich in 24 Stunden um ihre Achse dreht, steht er von der Erde aus gesehen scheinbar still. Dies ist von Vorteil, wenn der Satellit als Kommunikationsrelais benutzt werden soll, weshalb sich die meisten Nachrichtensatelliten in einem GEO befinden. In der Regel wird ein Satellit von einer Trägerrakete zuerst in einen GTO transportiert, bevor er den GEO durch seinen eigenen Antrieb ansteuert. Der Energiebedarf dafür ist abhängig von der Bahnneigung des GTO.

- **GTO** (Geo-Synchronous Transfer Orbit): Der geosynchrone Übergangsorbit ist eine Bahn, welche zwischen dem LEO-Orbit und dem GEO-Orbit liegt. Der erdnächste Punkt liegt üblicherweise in etwa 200 km Höhe und der erdfernste in der Höhe des GEO-Orbits, also in rund 36.000 km Entfernung. Wenn ein Satellit in 36.000 km Höhe angekommen ist, muss er mit seinem eigenen Antrieb auch den erdnächsten Punkt auf diese Höhe anheben (Zirkularisierung). Ist ein Satellit schwerer oder leichter als die Nutzlast für den GTO-Orbit, so wird er in einen subsynchronen (Apogäum kleiner als 36.000 km) oder supersynchronen (Apogäum höher als 36.000 km) GTO-Orbit befördert. Dies kam früher bei den alten Atlas-Versionen vor, da diese nicht in demselben Ausmaß an unterschiedlich schwere Nutzlasten angepasst werden konnten. Heute nutzt die Falcon 9 dieses Flugregime.

- **MEO** (Medium Earth Orbit): Mittelhohe Erdbahnen sind alle Bahnen oberhalb des SSO und unterhalb des GEO. Diese Bahnen decken zwar einen großen Bereich von rund 1.200 bis 36.000 km Höhe ab, genutzt wird aber nur ein Bereich in 20.000 bis 24.000 km Höhe. Hier befinden sich die Bahnen von Navigationssatelliten wie dem amerikanischen Navstar, dem russischen Glonass und dem europäischen Galileo System. Sie sind um 50 bis 60 Grad gegenüber dem Äquator geneigt, um einen globalen Empfang auch in hohen Breiten zu gewährleisten.

# ELDO / Europa

Die erste europäische (nicht nationale) Trägerrakete wurde zunächst unter der Bezeichnung ELDO-A entwickelt. Erst 1964 erhielt sie den Namen „Europa". Bei der Europa wurde jede Stufe von einem Land gebaut. Großbritannien steuerte mit der „Blue Streak" die erste Stufe bei, Frankreich lieferte die „Coralie" genannte, zweite Stufe, und die dritte, „Astris" getaufte Stufe stammte aus Deutschland.

Da die britische Blue Streak schon bei Entwicklungsbeginn vorhanden war und als erste Stufe feststand, mussten folgende Spezifikationen eingehalten werden:

- Die Startbeschleunigung durfte 1,3 g nicht unterschreiten. Bei 136 t Startschub entspricht das einem Maximalgewicht der Rakete von 106,7 t.

- Die Masse der Oberstufen und der Nutzlast sollte 16.100 kg nicht überschreiten, um einen Kollaps der Tanks der Blue Streak zu vermeiden.

- Die Eigenfrequenz der Rakete musste größer als 2,7 Hz sein.

- Der Durchmesser der zweiten Stufe musste mindestens 1,98 m betragen.

- Der Betrieb aller Stufen sollte von Australien aus verfolgbar sein, wodurch die Betriebsdauer der Oberstufen zeitlich begrenzt war.

Das waren enge Grenzen für die Größe und das Gewicht der Oberstufen, welche die Leistung der Rakete von vornherein begrenzten. Mit größeren Oberstufen hätte die Europa eine höhere Nutzlast transportieren können. Doch dies hätte umfangreiche Änderungen der Blue Streak erfordert. Die ELDO kannte die Problematik und arbeitete an Alternativen, um den Startschub zu steigern oder die Oberstufen durch leistungsfähigere Modelle auszutauschen.

Zwei Missionstypen wurden festgelegt, um die Nutzlast zu optimieren: ein 550 km hoher, polarer Orbit mit einer Nutzlast von 1 t und eine Bahn in 10.700 km Höhe mit einer Nutzlast von 180 kg. Daraus ergab sich, dass die zweite Stufe etwa 11.300 kg wiegen und 274 kN Schub aufweisen musste. Die dritte Stufe sollte dann etwa 3.300 kg wiegen, wobei die Brenndauer nicht genau festgelegt war. Es musste aber die Zündung der dritten Stufe vom Festland aus beobachtbar sein.

Das Design der Europa-Rakete wurde in den Jahren 1961 bis 1963 festgelegt. Es gab in diesem Zeitraum vor allem bei den Oberstufen diverse Veränderungen zur Erhöhung der Nutzlast. Der Zeitplan sah erste Testflüge mit den Oberstufen für 1966 und eine Einsatzreife für 1968 vor.

| | Vorschlag 1961 | Optimierung 1963 | Europa-I |
|---|---|---|---|
| Blue Streak: | 94.160 kg | 88.250 kg | 89.400 kg |
| zweite Stufe (voll/leer) | 8.124 kg / 1.093 kg | 11.510 kg | 11.894 kg / 2.100 kg |
| dritte Stufe (voll/leer) | 1.496 kg / 226 kg | 3.270 kg | 3.578 kg / 528 kg |
| Nutzlastverkleidung: | 130 kg | 440 kg | 340 kg |
| Nutzlast 550 km Bahn: | 910 kg | 1.200 kg | 900 kg<br>(Polare Umlaufbahn) |
| Startgewicht: | 104.790 kg | 104.670 kg | 104.530 kg |

# Die Entwicklung der Europa im historischen Kontext

Schon alleine der politische Hintergrund der Entwicklung der Europa-Rakete würde ein eigenes Buch füllen. Es folgt an dieser Stelle ein kleiner Einschub über die politischen Aktivitäten rund um die ELDO/Europa.

Alles fing an, als das Verteidigungsministerium in Großbritannien darüber nachdachte, die Mittelstreckenrakete Blue Streak in einen Weltraumträger zu verwandeln. Als der Entschluss gefallen war, die amerikanische Thor Rakete in England zu stationieren, gab es keinen Bedarf für eine eigene, britische, Mittelstreckenrakete mehr. Zudem passte die Blue Streak nun nicht mehr ins strategische Konzept. Wie die Atlas, und andere Trägerraketen der ersten Generation, musste sie vor dem Start betankt werden und war somit nur als Erstschlagswaffe geeignet. So war die Blue Streak als militärische Rakete schon obsolet geworden, bevor 1960 die ersten Erprobungsflüge begannen. Ab April 1959 suchte England daher intensiv nach einer Möglichkeit für die weitere Verwendung der Blue Streak. Bedingt durch die langjährige Entwicklung stiegen die Kosten für das gesamte Blue Streak Programm von 50 auf 300 Millionen Pfund an. Bis zur Einstellung der Entwicklung als militärischer Träger hatte Großbritannien 84 Millionen Pfund ausgegeben.

England versuchte nun, unter der Bezeichnung „Black Prince" eine eigene Trägerrakete mit der Blue Streak als erster Stufe zu bauen. Da diese alleine nicht zu finanzieren war, suchte die englische Regierung in Europa nach Partnern. Der Aufwand zur Entwicklung einer eigenen Trägerrakete auf Basis der Blue Streak wurde auf weitere 100 Millionen Pfund geschätzt.

Um Satelliten transportieren zu können, musste die Blue Streak um zwei Stufen erweitert werden. Als zweite Stufe dachte Großbritannien an einen Einsatz der Black Knight, einer etwa 6 t schweren, britischen Höhenforschungsrakete. Für die Entwicklung der dritten Stufe suchte England nun Partner, die auch einen Teil der Kosten übernehmen sollten.

# 1960

Im Januar 1960 kam bei der COSPAR-Sitzung (Committee on Space Research – Dachverband für das Gebiet der Weltraumforschung) erstmals die Idee einer europäischen Trägerrakete auf. Es wurde ein Komitee gegründet, um ein Konzept auszuarbeiten. Kurz darauf, am 24.2.1960, gab die britische Regierung die Einstellung ihres nationalen Blue Streak Programms bekannt. Im April 1960 kontaktierte England verschiedene europäische Länder und unterbreitete den Vorschlag für die Entwicklung und den Bau einer Trägerrakete, damals allerdings noch mit der Idee, die zweite Stufe selbst zu bauen.

Bei dieser Suche nach Partnern wurde Großbritannien schnell bei den Franzosen fündig. Frankreich war damals an einer Erforschung der Raketentechnologie sehr interessiert, um eine eigene Atomstreitkraft aufzubauen. Allerdings wollten die Franzosen nicht die dritte, sondern die leistungsfähigere zweite Stufe bauen. Diese versprach für Frankreich einen höheren Erkenntnisgewinn für die Entwicklung von eigenen militärischen Raketen. Das kam England sehr gelegen, da so die eigenen Entwicklungskosten reduziert werden konnten. Eine Einigung scheiterte aber damals, weil Großbritannien von Frankreich eine Beteiligung an den Kosten in gleicher Höhe wie England erwartete. Frankreich plante schon die Diamant und wollte den Rahmen seiner finanziellen Beteiligung begrenzen.

Das Vereinigte Königreich unterbreitete den Vorschlag, insgesamt 50 Millionen Pfund (über fünf Jahre verteilt) für die Entwicklung bereitzustellen. Großbritannien machte aber die Benutzung von Woomera in Australien als Startplatz zur Bedingung, nachdem Frankreich den viel einfacher erreichbaren, algerischen Startplatz Colomb-Béchar ins Spiel gebracht hatte. Die australische Regierung befürchtete eine Schließung von Woomera und drohte mit „katastrophalen Folgen" für das angloaustralische Verhältnis.

Im Laufe des Jahres 1960 wurden sich Frankreich und England über die Verteilung der Aufgaben einig. Die USA gestatteten die Nutzung der von England lizenzierten Technologie in der Blue Streak für die Trägerrakete. England wollte wegen der laufenden Kosten des Blue Streak-Programms, die selbst bei einem Stopp der Entwicklung 350.000 Pfund pro Monat betrugen, eine möglichst schnelle Einigung mit seinen Partnern erreichen. Hinzu kam, dass England die Fachleute weiterhin an das Projekt binden wollte.

# 1961

Noch immer war offen, wer die dritte Stufe bauen sollte. Bisher war eine Stufe auf Basis der Black Knight mit Wasserstoffperoxid/Kerosin vorgesehen, wodurch der englische Beitrag aber höher war, als von der britischen Regierung gewünscht. Die ersten Schritte zur Klärung dieser Frage gab es bei einer europäischen Konferenz, die vom 30.1.1961 bis zum 2.2.1961 in Straßburg stattfand. Die Regierungen von England, Frankreich, Deutschland, Belgien, Holland, Italien und Spanien vereinbarten die Gründung einer europäischen Organisation, welche eine Trägerrakete entwickeln sollte – der ELDO (European Launcher Development Organisation). England konnte Frankreich zur Mitarbeit gewinnen, indem es sich bereit erklärte, 33% der Kosten zu übernehmen. Die Kosten für die Entwicklung der ELDO-A wurden auf 70 Millionen Pfund (196 Millionen Dollar) geschätzt, und es wurde ein erster Orbitaltest in fünf Jahren erwartet. Danach sollten drei bis vier Starts pro Jahr erfolgen.

Im Laufe des Jahres 1961 entwickelte sich die Rakete zu einer echten Europa-Rakete. Die deutsche Regierung war zuerst gespalten. Der Wirtschaftsminister Ludwig Erhardt und der Außenminister von Brentano waren für das Projekt, der Verkehrsminister Seeblohm dagegen. Er plädierte für eine Lizenzfertigung der amerikanischen Thor, was in London als „Sabotage" bezeichnet wurde.

Seeblohm gab im wesentlichen die Argumentation seines wissenschaftlichen Beraters Eugen Sänger wieder, der nicht wiederverwendbare Träger für technisch veraltet hielt und dafür plädierte, mit den verfügbaren Mitteln einen wieder verwendbaren Raumtransporter zu bauen. Sänger war der führende Experte auf dem Gebiet des Raketenbaus in Deutschland, und sein Wort hatte Gewicht. Seine Ideen wären aber mit den Finanzmitteln Europas nicht umsetzbar gewesen, und die Technologie dafür war damals noch nicht einmal in den USA erforscht.

Bis zum April 1961 hatten sich Frankreich und England geeinigt. Wollte Deutschland noch die dritte Stufe bauen, so musste es schnell handeln. Eine kurzfristig eingesetzte Expertenkommission unter der Leitung von Günter Bock empfahl der Bundesregierung die Mitwirkung an dem Projekt. So gab es am 28.6.1961 die Zusage Deutschlands für eine Beteiligung. Damit war die Entwicklung der Rakete im wesentlichen auf solide Beine gestellt.

Auch andere Länder waren an der Trägerrakete interessiert. Italien sollte einen Testsatelliten bauen, Belgien die Bahnverfolgung aufbauen, die Niederlande die Telemetriesender fertigen, und Australien stellte das Startgelände in Woomera. Italien musste beschwichtigt werden, weil es auch eine Stufe bauen wollte. Man sicherte Italien daher zu, den Antrieb bauen zu dürfen, wenn die Rakete einmal Satelliten in den geostationären Orbit transportieren würde und an der Entwicklung einer zukünftigen, kryogenen, Oberstufe beteiligt zu werden.

Bei der Finanzierung der ELDO wurde zwischen dem Wunsch Englands nach einem Kostenschlüssel wie beim CERN und der Forderung der kleineren Länder nach geringeren Ausgaben ein Kompromiss gefunden. Im Endeffekt zahlten Deutschland und Italien denselben Anteil wie beim CERN, Frankreich etwas mehr und Großbritannien deutlich mehr. Dafür war der Anteil von Belgien und Holland deutlich kleiner als deren Beteiligung am CERN.

Während die Regierungen noch über den Bau der ELDO-A Rakete entschieden, absolvierte am 15.4.1961 die Blue Streak bereits ihren ersten statischen Test.

# 1962

Am 29.3.1962 wurde inoffiziell die ELDO gegründet, und die Rakete bekam den Namen ELDO-A. Offiziell war die ELDO erst ab dem 1.5.1964 tätig, nachdem die meisten Länderparlamente (mit Ausnahme von Italien) den Gründungsvertrag ratifiziert hatten.

Die ELDO entpuppte sich bald als eine zahnlose Organisation. Als sie ihre Arbeit aufnahm, hatten die einzelnen nationalen Ministerien schon weitgehend die Kontrolle über ihren Anteil an der ELDO-A übernommen. Die ELDO wurde zum Spielball nationaler Interessen. Es gab weder eine echte, internationale Zusammenarbeit noch einen Hauptkontraktor, also eine Firma oder einen Konzern, der für die Rakete als Ganzes verantwortlich war. Dafür gab es etwa ein Dutzend Subkontraktoren.

Die Probleme zeigten sich schon bei so einfachen Dingen wie technischen Zeichnungen und Handbüchern. Diese Dokumente waren jeweils in der nationalen Sprache gehalten. Es gab auch keine einheitliche und umfassende Systemdokumentation. England verwandte das imperiale System auf der Basis von Inch, Fuß und Pfund, die restlichen Länder das metrische System auf der Basis von Meter und Kilogramm. Welche Folgen das haben kann, sollte die NASA dreißig Jahre später feststellen als die die Raumsonde Mars Climate Orbiter verlor, weil Tabellen für die Kräfte bei Kurskorrekturen vom Hersteller in imperialen Einheiten abgefasst waren und die NASA im metrischen System rechnete. Als Folge überkompensierte die Raumsonde Abweichungen, kam dem Mars zu nahe und verglühte. Alle Beschriftungen an den Stufen waren in der Landessprache gehalten und auch die Techniker sprachen in der Regel nur ihre Landessprache. Die Ausnahme bildeten die Deutschen, wie wegen der Steuerung, die sich auf ihrer Stufe befand, mit den Engländern und Franzosen unterhalten können mussten. Diese fehlende Zusammenarbeit sollte sich später in Kostensteigerungen und Fehlschlägen niederschlagen.

Das ELDO-Sekretariat mit etwa 200 Mitarbeitern hatte weder personell die Möglichkeit noch hatte es die Befugnis, Entscheidungen zu treffen. Diese traf ein Ministerrat, der zweimal im Jahr tagte. Weiterhin standen das Design der Rakete und die Zuständigkeiten für die Subsysteme schon fest, als die ELDO gegründet wurde. Somit konnte sie nur noch die weitere Entwicklung verwalten.

Nutzlasten für die Europa-I sollten wissenschaftliche Satelliten aus Europa in einem niedrigen Erdorbit sein. Diese wurden von einer zweiten Organisation, der ESRO (European Space Research Organisation), entwickelt, die parallel zur ELDO gegründet wurde.

# 1963

Im Mai 1963 stand das Design der Coralie fest. Im Dezember hatte England seine Teststände für die Tests der Blue Streak umgerüstet, die dort mit Massenmodellen der oberen Stufen statische Tests absolvierte.

# 1964

Schon 1964 zeigte sich, dass die Rakete erheblich teurer werden würde als geplant. Im Jahre 1961 war von Entwicklungskosten von 70 Millionen Pfund Sterling ausgegangen worden (das entsprach damals 800 Millionen DM). Als die ELDO 1964 formell ihre Arbeit begann, ging sie aber schon von 300 Millionen Dollar Entwicklungskosten aus. Das entsprach 1.700 Millionen DM, mehr als doppelt so viel wie veranschlagt. Im April beschloss die ELDO, die neue Trägerrakete „Europa" zu taufen.

Im Jahre 1964 wurde eine neue Regierung in England gewählt, welche die Prioritäten in der Weltraumforschung neu setzte. In den folgenden Jahren wechselten die Zuständigkeiten für das Ressort Raumfahrt laufend. Ab 1966 begann die englische Regierung sogar darüber nachzudenken, sowohl das eigene nationale Programm für eine Trägerrakete (das 1964 gerade begonnen hatte) einzustellen, als auch die Arbeit in der ELDO zu beenden!

Während die technische Erprobung der Europa-I Fortschritte machte – 1964 startete die Blue Streak (Flüge F1 und F2) zweimal erfolgreich – begann eine politische Krise in der ELDO. Während Großbritannien seine finanzielle Beteiligung verringern wollte, trat Frankreich für das Gegenteil ein – für eine beschleunigte Weiterentwicklung der Europa und den Start von Kourou aus.

# 1965

So preschte im Januar 1965 Frankreich mit einem Vorschlag vor, die Entwicklung eines Nachfolgemodells unter der Bezeichnung ELDO-B in Angriff zu nehmen. Die Begründung war, dass die Europa-I (ELDO-A) eine zu kleine Nutzlast habe und keinen geostationären Orbit erreichen könne. Es wurden zwei Lösungsvarianten vorgeschlagen: die ELDO-B1 und die ELDO-B2, beide mit kryogenen Oberstufen und der Fähigkeit, signifikant mehr Nutzlast in den GEO-Orbit zu transportieren. Von der Europa-I wäre höchstens die Blue Streak übrig geblieben, wobei auch hier Frankreich eine neue Stufe mit 95 t lagerfähigem Treibstoff favorisierte. Die ELDO-A Entwicklung hatte gerade erst begonnen, warum also dieser radikale Wandel?

1963 war der erste geostationäre Kommunikationssatellit Syncom-2 gestartet worden. Ihm folgten bald weitere. Eine US-nationale Organisation (COMSAT) und eine internationale Organisation (Intelsat) waren für den Bau, den Betrieb und die Vermarktung solcher Satelliten bereits gegründet worden. Ein einziger der Intelsat-1 Satelliten verdoppelte die Übertragungskapazität zwischen Europa und den USA und ließ erstmals die Übertragung von TV Programmen zu. Es war offensichtlich, dass diese Satelliten wirtschaftlich bedeutend waren. Frankreich befürchtete (wie sich später zeigen würde, zu Recht), dass die USA sich weigern könnten, europäische Satelliten zu starten, und stattdessen die Dienste der eigenen Satellitenbetreiber vermieten wollten. Zu diesem Zeitpunkt waren die anderen Partner aus Europa aber noch nicht zum Wechsel ihrer Strategie zu bewegen. Zeitweise stand der Austritt Frankreichs aus der ELDO im Raum und es wurde schon überlegt, wie die Europa-I mit nur der ersten und dritten Stufe gebaut werden könnte. Italien brachte einen Vorschlag ein, der Frankreich wieder mit ins Boot holte: Jede Nation sollte mindestens 80% der Investitionen in die ELDO in Form von Aufträgen wieder zurück erhalten, und die Arbeiten der ELDO, ESRO und CETS (Conférence européenne des télécommunications par satellites – Organisation zur Entwicklung von Kommunikationssatelliten) sollten besser koordiniert werden.

Bis dahin hatten alle Länder zusammen etwa 420 Millionen Francs ausgegeben, die nächsten drei Jahre erforderten eine weitere Milliarde Francs. Die Kosten des gesamten Programms lagen nun schon bei 404 Millionen Pfund. Das ELDO-Direktorat rechnete aus, dass die ELDO-B-Entwicklung mindestens 245 Millionen Dollar kosten würde. Weitere 80 Millionen Dollar wären nötig, um Ausrüstung (wie Teststände) bereitzustellen, die sonst für die Europa-I gebaut werden müsste. Die ELDO-A Entwicklung wurde auf 455 Millionen Dollar geschätzt, sodass der Wechsel auf die ELDO-B und Abbruch der ELDO-A Entwicklung nur 130 Millionen Dollar einsparen würde. Bedingt durch die völlig neue Technologie für die kryogene Oberstufe war es wahrscheinlich, dass die Einsparungen noch geringer wären. Dieses Argument überzeugte schließlich auch Frankreich.

Technisch machte die Europa weitere Fortschritte. Mit den Flügen F3 und F4 konnte die Phase 1 des Erprobungsprogramms erfolgreich abgeschlossen werden. Die Coralie war noch nicht so weit, um fliegen zu können, absolvierte im September 1965 aber ihre ersten statischen Test am Boden.

# 1966

Schon ein Jahr später kam die nächste Krise: Bedingt durch die steigenden Kosten verweigert Großbritannien die Freigabe der Mittel für 1966. England verwies darauf, dass von den 80 Millionen Pfund, welche das ELDO-Programm bisher gekostet hatte, 31 Millionen vom Vereinigten Königreich bezahlt worden waren. Von den 87 Millionen, welche die „Blue Streak" Entwicklung bislang gekostet habe, seien 65 Millionen für die ELDO relevant. So habe England bis zu diesem Zeitpunkt fast 100 Millionen Pfund ausgegeben und müsse seinen Anteil nun reduzieren. Diese Argumentation stieß auf Widerspruch, denn schließlich hatte das Vereinigte Königreich die Blue Streak vor Gründung der ELDO entwickelt, und diese Investitionen konnten nicht auf den eigenen Anteil angerechnet werden.

Vom 26. bis 28. April tagte der Ministerrat und fand schließlich einen Kompromiss: Englands Beteiligung wurde auf 27% reduziert, im Gegenzug stieg vor allem Deutschlands Beteiligung an. Frankreichs Forderung nach einem Träger, der einen geostationären Orbit erreichen konnte, wurde nachgegeben, eine vierte Stufe sollte entwickelt werden. Dies führte zur Entwicklung der Europa-II, einem neuen Startplatz in Kourou und weiter steigenden Gesamtkosten. Vorstöße Englands, Darwin im Norden Australiens als Startplatz zu verwenden, waren angesichts der Reduktion des eigenen Anteils erfolglos.

Bis 1966 waren 216 Millionen Dollar für die Europa ausgegeben worden. 420 Millionen Dollar sollte das gesamte Europa-I Programm kosten. Die Europa-II ließ die Programmkosten auf 626 Millionen Dollar ansteigen. Davon entfielen 25 Millionen auf die Erschließung von Kourou. Es wurden Studien für die Entwicklung eines Perigee/Apogee Systems (PAS) beschlossen, jedoch noch nicht die eigentliche Entwicklung, da diese auf weitere 30 bis 80 Millionen Pfund geschätzt wurde.

Damit schien nach der „französischen Krise" und „britischen Krise" eigentlich eine Lösung gefunden – doch dieser Zustand währte nicht lange. Nun gab es auch technische Probleme. Während der Test F5 als Generalprobe für die Blue Streak noch erfolgreich verlief, waren die Flugerprobungen der Coralie durchwachsen. Bei allen Tests gab es Probleme, und der nächste Flug F6.1 musste um sechs Monate verschoben werden.

# 1967

Am 1.1.1967 wurde beschlossen, für die Europa-II eine einfache vierte Oberstufe mit festen Treibstoffen zu bauen und einen zweiten Antrieb mit festen Treibstoffen in den Satelliten zu integrieren, um eine geostationäre Umlaufbahn zu erreichen. Dies erschien angesichts der laufend ansteigenden Kosten des PAS als die beste Lösung.

Die Starts F6.1 wie auch F6.2 scheiterten. Das Design der Coralie musste nachgebessert werden, und das Programm verlängerte sich um weitere sechs Monate. Die Reserven, die 1966 eingeplant worden waren, schmolzen dahin. Das PAS-System hatte schon 36,5 Millionen Dollar mehr gekostet als geplant, und neue Schätzungen gingen nun von 750 bis 780 Millionen Dollar bis zum Abschluss des Europa-I und -II Programms aus.

Um Kosten zu sparen, beschloss die ELDO, die aufwendigen STV-Testsatelliten durch sehr einfache Versionen zu ersetzen. Das Jahr endete mit dem Abschluss der Entwicklungsarbeiten an der Astris am 23.12.1967.

# 1968

Im März musste der erste Start einer dreistufigen Europa-I um sechs Monate auf November verschoben werden, weil die „Coralie" noch nicht flugbereit war. Im November kündigte England seinen Ausstieg aus dem Projekt an. Frankreich forderte daraufhin, die Entwicklung sofort einzustellen und zur Europa-III (ohne britische Stufe) überzugehen. Es wurde beschlossen, Geld einzusparen – allerdings wusste niemand, wo und wie dies möglich sein sollte. Im gleichen Monat scheiterte mit Flug F7 der erste Start einer dreistufigen Europa-I.

# 1969

Im Februar stieg England – wie 1968 angekündigt – aus dem Projekt aus, bot die Blue Streak aber den anderen Ländern

*Abbildung 2: Vorbereitung der Europa auf den Start F8*

zum Kauf an. Großbritannien reduzierte seine Beteiligung auf 5,24%, welche in einem Block für das Finanzjahr 1970 gezahlt wurden (17 Millionen Dollar). Damit endete das Engagement Englands in der ELDO. Ab 1971 musste diese ohne das Vereinigte Königreich auskommen.

Ab Mai 1969 entstand die Startrampe für die Europa-II in Kourou. Im Juli scheitert der Flug F8 aufgrund desselben Designfehlers, der auch schon F7 zum Verhängnis wurde. Im Dezember 1969 wurde der Flug F9 noch für April 1970 angesetzt. Der zusätzlich eingeplante Flug F10 musste aus Kostengründen gestrichen werden. Aus den gleichen Gründen war bei Flug F11 kein Testsatellit an Bord. F13, mit Symphonie-1 sollte im März 1972 als erster kommerzieller Start folgen.

# 1970

Im April wurde von Frankreich und Deutschland die Entwicklung der Europa-III beschlossen, auch wenn die genaue technische Auslegung noch nicht feststand. Begonnen werden sollte mit der Vorentwicklung für die Viking-Triebwerke in Frankreich und der Erforschung der Technologie von kryogenen Treibstoffen in Deutschland. Ziel war eine Qualifikation im Jahre 1979 nach sieben Jahren Entwicklung und fünf Erprobungsstarts (drei mit aktiver erster Stufe, zwei mit der kompletten Rakete). Die Programmkosten wurden auf 475 Millionen Dollar geschätzt.

Im Juni endete die Flugerprobung der Europa-I mit Flug F9. Es wurde ein Fast-Erfolg: Alle Stufen arbeiteten ordnungsgemäß, doch erreichte der Satellit keine Umlaufbahn, da sich die Nutzlasthülle nicht löste.

Im August 1970 ging der Streit über die Zukunft der Europa weiter. Der einzige zukunftsweisende Beschluss, der in dieser Zeit fiel, war, die ELDO, die ESRO und die CETS zu einer Organisation zusammenzulegen. Aus diesen unterschiedlichen Gruppierungen sollte später die ESA entstehen.

Im Oktober machte Frankreich den Vorschlag, die Blue Streak durch eine eigene erste Stufe, genannt L95 (mit 95 t flüssigem Treibstoff), zu ersetzen. Damit hätte das laufende Programm auch beim Ausscheiden Englands weiterlaufen können. Diese Stufe hatte wie die Blue Streak einen Durchmesser von 3,0 Metern und eine Länge von 16 Metern. Vier Triebwerke der Diamant B hätten sie antreiben sollen. Der Vorschlag war nicht neu. Schon im Dezember 1968 waren Pläne über eine solche Stufe als „Versicherung" gegen das Ausscheiden Englands veröffentlicht worden.

Nach Frankreichs Vorstellungen sollte das derzeitige ELDO-Programm eingestellt und mit einer neuen Führung ein Neuanfang gestartet werden. Deutschland wollte dagegen das ELDO-Programm in der beschlossenen Form zu Ende führen, auch weil England dann gemäß den abgeschlossenen Verträgen weitere 40 Millionen Dollar in das Programm hätte pumpen müssen.

# 1971

Im Mai fanden in Kourou mit einer leicht veränderten Europa-I die ersten statischen Tests für Flug F11 statt. Im September wurden bei Hawker-Siddeley zwei modifizierte Blue Streak für die Flüge F13 und F14 bestellt. Zu diesem Zeitpunkt ging die ELDO noch von mindestens neun Flügen der Europa-II aus.

Politisch spitzte sich die Situation zu: Nun trat auch Italien aus der ELDO aus. Als dann im November auch noch der erste Flug der Europa-II von Kourou aus scheiterte, war auch die Geduld Deutschlands erschöpft. Nach dem Fehlschlag der ersten Europa-II gab auch in Bonn Forderungen nach dem Ausstieg aus der ELDO. Klaus von Dohnanyi, der neue Bundeswissenschaftsminister, vertrat eine neue Politik: Weg von der Trägerentwicklung als Alleinzweck, hin zu finanzierbaren und schnell umsetzbaren Lösungen. Bis zum Oktober 1972 hatte die Bundesrepublik 600 Millionen Mark in die Europa-I und -II investiert, weitere 200 Millionen Mark wären für eine Fortführung über die nächsten drei Jahre notwendig gewesen. Einen noch schlechteren Stand hatte die Europa-III, die Investitionen in der Höhe von 900 bis 1.350 Millionen DM erfordern würde.

Die Neuausrichtung der Forschung umfasste nun die Entwicklung des Spacelabs und Anwendungssatelliten sowie die Einstellung aller Arbeiten an der Europa-III. Die Gesamtkosten der Entwicklung von Europa-I bis -III nun mit 650 Millionen Dollar angegeben (bei einer deutschen Beteiligung von 45% im laufenden Finanzjahr).

# 1972

Die CNES präsentierte im Januar einen eigenen Entwurf L3S als Alternative zur Europa-III. Basierend auf der vorhandenen ersten Stufe sollte durch eine zusätzliche zweite Stufe und eine kleinere dritte Stufe eine preiswerte Alternative geschaffen werden.

Im Mai präsentierte eine unabhängige Untersuchungskommission die Ergebnisse zum Scheitern des Fluges F11. Der Bericht zeigte recht deutlich das Kernproblem der ELDO: Man hatte die Rakete nicht als Gesamtsystem gesehen, sondern die beteiligten Nationen meinten, wenn nur die Stufen aufeinander gesetzt würden, hätten sie einen funktionierenden Träger. Dies erwies sich als kostspieliger Irrtum.

Im Dezember beschlossen Frankreich und Deutschland alleine die Verwirklichung der L3S, aus der später die Ariane werden sollte. Deutschland würde sich beteiligen unter der Bedingung, dass seine finanzielle Beteiligung auf einen Festbetrag von 320 Millionen DM (40 Millionen DM über acht Jahre) begrenzt wurde und Frankreich sich im Gegenzug am „Post Apollo" Programm beteiligte, dem späteren Spacelab. Gleichzeitig wurde die Einstellung aller Arbeiten an der Europa-III beschlossen.

# 1973

Frankreich wollte allerdings noch einen Start der Europa-II durchführen und gab dem Bodenpersonal in Kourou den Auftrag, den Start F12 für den Oktober vorzubereiten. Im Februar beschloss Frankreich auf Druck von Deutschland, das Europa-II Programm vorerst zu unterbrechen. Trotzdem gingen im März noch die Stufen für Flug F12 auf den Weg nach Kourou. Als sie schließlich im April dort ankamen, hatte auch Frankreich das Projekt aufgegeben.

Die ELDO wurde formell aufgelöst. Die Entwicklung hatte bis dahin 732 Millionen Dollars (damals 2,5 Milliarden DM) verschlungen, ohne dass ein Satellit den Orbit erreicht hatte. Etwa 2000 Personen in Europa (davon allein 500 in Deutschland) waren an dem Projekt direkt beteiligt. Die Gesamtkosten wurden wie folgt beziffert:

| Nation | Finanzielle Beteiligung 1962 | Ab dem 1.1.1967 | Ab dem 15.4.1969 | Reale Gesamtausgaben |
|---|---|---|---|---|
| England | 38,8% | 27,0% | | 12,3% (90 Mill. $)<br>+100 Millionen für die Blue Streak |
| Frankreich | 23,9% | 27,0% | 42,3% | 28,7% (210 Mill. $) |
| Deutschland | 18,9% | 25,0% | 45,6% | 28,7% (210 Mill. $) |
| Italien | 9,7% | 12,0% | | 22,4% (164 Mill. $) |
| Belgien | 2,8% | 4,5% | 7,4% | 3,7% (27 Mill. $) |
| Niederlande | 2,6% | 4,5% | 4,7% | 3,1% (23 Mill. $) |
| Australien | | | | 8 Millionen $ |
| Gesamt: | 70 Millionen Pfund /<br>200 Millionen Dollar | 732 Millionen Dollar /<br>626 Millionen Pfund | | 732 Millionen Dollar:<br>690 Mill. Europa-I+II<br>40 Millionen Europa-III |

Die britische Seite wies die Entwicklungskosten der Blue Streak separat aus. Diese waren von 1954 bis 1962, vor der Gründung der ELDO, angefallen.

# Die Testflüge

Die Europa-I wurde stufenweise getestet. Man erprobte also zuerst die erste Stufe, dann die Kombination von erster und zweiter Stufe und zuletzt alle drei Stufen. Diese Vorgehensweise war damals gängig. Das Gesamtsystem „Rakete" wurde so im Laufe der Tests zunehmend komplexer, und es war möglich, auf den Erfahrungen der ersten Flüge aufzubauen. Bei der ELDO-A kam noch hinzu, dass die Blue Streak schon entwickelt war und früher zur Verfügung stand als die oberen Stufen.

So wurde auch bei der Entwicklung der Atlas, Titan und Saturn 1 vorgegangen. Trotzdem hatten auch diese Träger bei ihren ersten Flügen zahlreiche Ausfälle. Die Öffentlichkeit war aber Ende der Sechziger Jahre an erfolgreiche Flüge seitens Russlands und der USA gewohnt. Es kam die Frage auf, warum nicht gleich die gesamte Rakete getestet wurde (wie bei den späteren Saturn-V Modellen). Es gab es offene Kritik, und entsprechend verzerrt war auch die öffentliche Wahrnehmung. So wurde nach Flug F9 bemängelt, dass die Europa-I in zehn Flügen keinen einzigen Satelliten in einen Orbit gebracht hatte, obwohl von diesen zehn Flügen nur drei Starts mit allen Stufen erfolgt waren. Ein Nachteil dieser Vorgehensweise war, dass es sehr lange dauerte, bis es zu einem vollständigen Test kam. Weiterhin wurden so zwangsläufig mehr Testflüge benötigt, und die Entwicklung war teurer als bei einem vollständigen Test der gesamten Rakete.

Die Erprobung der Europa-I erfolgte in vier Phasen:

- Phase I: statische Bodentests der einzelnen Stufen

- Phase II: Flüge nur mit aktiver Blue Streak (F1 – F5)

- Phase III: Flüge mit aktiver Blue Streak und Coralie (F6.1 und F6.2)

- Phase IV: Test der kompletten Rakete (F7 – F9)

Die Phase I wurde von jedem Land auf eigenen Testständen durchgeführt. Die Zusammenarbeit begann erst am Ende von Phase II.

Der Testplan wurde 1964 als „sehr ambitioniert" und als „hoch riskant" beschrieben. Er sah zu diesem Zeitpunkt den letzten Erprobungsflug F9 für den Juni 1967 vor. Tatsächlich fand dieser aber erst im Juni 1970 statt, also drei Jahre später. Mit Flug F10 hätte die Rakete den ersten kommerziellen Start durchführen sollen.

# F1

Bei diesem ersten Flug ging es um die Erprobung der Blue Streak als erster Stufe. Es hatte für die ELDO-A zahlreiche Änderungen an der Blue Streak gegeben, die bei F1 bis F5 getestet werden sollten. Oberstufen flogen bei diesem Test nicht mit. Es war wie bei einer militärischen Rakete ein rein ballistischer Flug. Da die Entwicklung der Blue Streak schon vor dem ersten Test abgebrochen worden war, war F1 gleichzeitig auch der erste Flug der Blue Streak überhaupt. Dies unterschied die Europa-I von den ersten Trägern Russlands und der USA, welche vor ihrem ersten zivilen Flug schon militärische Teststarts absolviert hatten.

Der Start hätte am 25.5.1964 erfolgen sollen, musste aufgrund von schlechtem Wetter jedoch verschoben werden. Am 2.6.1964 wurde der erste Versuch wenige Sekunden vor der Zündung wegen eines Fehlers im Sicherheitssystem abgebrochen. Drei Tage später verlief der Countdown dann reibungslos. Allerdings schaltete sich das elektrische Einspritzsystem der Blue Streak durch starke Vibrationen vorzeitig bei 146 Sekunden (7,3 Sekunden vor Brennschluss) ab. Die Rakete erreichte so nur eine Distanz von 998 km, statt der geplanten 1.614 km. Der Start wurde als „Erfolgreich mit Beanstandungen" gewertet. Zu diesem Zeit-

*Abbildung 3: Start der Blue Streak (noch ohne Oberstufen) zum ersten Testflug*

punkt lag die Europa-I noch im Zeitplan. Der Start fand nur vier Wochen nach dem ursprünglichen Termin statt.

# F2

Bis zum zweiten Testflug F2 am 15.10.1964 hatte die ELDO zahlreiche Änderungen vorgenommen, um die Eigenvibrationen der Blue Streak zu minimieren. Wichtigstes Ziel des Flugs F2 war der Test des neuen Autopiloten. Der Flug verlief erfolgreich, und die Rakete erreichte eine Reichweite von 1.609 km und eine Gipfelhöhe von 240 km.

# F3

Auch der letzte Alleinflug einer Blue Streak am 22.3.1965 verlief programmgemäß und ohne Beanstandungen. Der vorzeitige Brennschluss wurde bei diesem Test vom Boden ausgelöst und die Triebwerke nach 145 Sekunden abgeschaltet. Dabei wurde eine Reichweite von 1.600 km erreicht.

# F4

Erst ein Jahr später konnte der letzte Test der Blue Streak angesetzt werden. Verantwortlich waren Verzögerungen bei der Fertigung der Coralie. Dafür standen nun die Mark-II Versionen der RZ2 Triebwerke mit 1.360 kN Bodenschub zur Verfügung. F4 und F5 unterschieden sich von den ersten drei Flügen dadurch, dass sie sich der späteren Rakete annäherten. Bei diesen Flügen sollte die Blue Streak nun Dummy-Oberstufen mitführen, und das spätere Flugprofil wurde getestet. Danach galt die Blue Streak als qualifiziert, und die Tests gingen eine Stufe weiter zur Coralie.

F4 führte Attrappen der Coralie und der Astris mit. Die Attrappen waren Stufen mit der Struktur der Flugexemplare und den Treibstofftanks, aber ohne den Antrieb und die Elektronik. Anstelle von Aerozin und UDMH wurde Wasser in die Tanks gefüllt, statt Stickstofftetroxid wurde eine Dichromatlösung verwendet. Diese Flüssigkeiten wiesen in etwa dieselbe Dichte wie die verwendeten Treibstoffe auf. Die Nutzlasthülle war ein Flugexemplar, und auch der STV-Satellit war fähig, Messungen zu machen und diese während des kurzen Fluges zum Boden zu senden.

Der Start am 24.5.1966 erfolgte zunächst reibungslos, dann jedoch kam die Rakete nach den Daten der primären Radarstation immer mehr vom Kurs ab. Um einen Aufschlag in bewohntem Gebiet zu verhindern, wurde das Signal zum Brennschluss vorzeitig erteilt. Der Rechner bestätigte diesen bei T+135 Sekunden.

Die übermittelten Messwerte von der Blue Streak zeigten allerdings keinerlei Abweichungen von den Sollwerten. Auch stieg die Rakete gemäß den Informationen einer zweiten Radarstation genau im geplanten Korridor auf. Nachträgliche Auswertungen zeigten schließlich, dass die F4 niemals vom Kurs abgekommen war, sondern dass es sich um eine Fehlfunktion der ersten Radarstation handelte. Der Flug wurde daher als Erfolg gewertet. Im Jahre 1993 wurden Teile der Rakete im australischen Dschungel gefunden. Sie sind seitdem in Woomera ausgestellt.

## F5

Beim zweiten Flug mit einer Dummy-Coralie gab es keine Probleme. Der Flug am 15.11.1966 war erfolgreich und lieferte sehr viele Daten über die aerodynamische Belastung der Rakete. Auch die Flugführung und die Bodenanlagen von Woomera waren nun qualifiziert.

*Abbildung 4: Start einer Cora zu einem Testflug*

## F6.1 und G1-G3

Bei Flug 6.1 ging es darum, die Coralie im Flug zu erproben. Dieser Flug markierte den Beginn von Phase III. Die dritte Stufe war wie bei den beiden vorherigen Flügen eine Attrappe. Die Blue Streak hatte nun die endgültigen Mark-III Versionen der RZ2 Triebwerke.

Parallel zur Erprobung der Blue Streak erfolgte ein Test der Coralie alleine. Dafür wurde eine als „Cora" bezeichnete Variante mit einer Drittstufenattrappe und der Nutzlastattrappe von Hammaguir in Algerien gestartet. Es gab drei Starts (G1 – G3), die am 27.11.1966, 18.12.1966 und 25.3.1967 stattfanden. Bei allen drei Flügen gab es Beanstandungen am Autopiloten der Coralie. Keiner konnte daher als voller Erfolg angesehen werden.

Der Flug G1 endete mit einer vorzeitigen Abschaltung der Coralie nach 62 Sekunden. Die Stufe explodierte aufgrund des Resttreibstoffs beim Wiedereintritt in die Atmosphäre. Beim Flug G2 schaltete der Autopilot die Stufe nicht vorzeitig ab, doch auch hier gab es Abweichungen von den Vorgaben im Flugprofil. Frankreich wertete den zweiten Testflug als Erfolg und den Ersten als Teilerfolg.

Beim Flug G3, der nach der Räumung des Startgeländes im algerischen Hammaguir von der Atlantikküste Frankreichs aus stattfand, kam die Coralie vom Kurs ab und musste nach 80 Sekunden gesprengt werden.

Eigentlich waren drei weitere Flüge G4 – G6 vorgesehen, bei denen die Abtrennung der Astris und deren Zündung im Vakuum erprobt werden sollte. Diese wurden jedoch ersatzlos gestrichen. Die Coralie war im Verzug und die ELDO hatte Finanzierungsprobleme. Dass ihre Durchführung jedoch durchaus sinnvoll gewesen wäre, zeigte sich bei den Flügen F7 und F8.

Start F6.1 umfasste auch eine Testnutzlast mit Messeinrichtungen und Peilsender. Auch die Nutzlastverkleidung entsprach der endgültigen Version, und ihre Abtrennung sollte getestet werden. Beim Testflug F6.1 am 4.8.1967 schaltete die Blue Streak etwas zu früh ab (nach 150 anstatt 153 Sekunden). Doch viel gravierender war, dass nach der Trennung der Stufen die Coralie nicht zündete.

Nach längerer Untersuchung wurden zwei Ursachen angegeben:

- Erstens hatte der Oxidator der Coralie sich während der langen Warte- und Vorbereitungszeit zersetzt. Dies verursachte einen Ventilfehler bei der Coralie. Da die Treibstoffe selbstentzündend waren, gab es kein separates Zündsystem. Ursprünglich war der Start für den 10. Juli vorgesehen gewesen, wurde aber wegen ungünstiger Wetterbedingungen und Fehlfunktionen wie z. B. beim Autopiloten der ersten Stufe immer wieder verschoben.

- Zweitens wurde vermutet, dass elektrostatische Entladungen den Flight Sequencer zum Aussetzen brachten.

# F6.2

F6.2 sollte den Flug von F6.1 wiederholen und als neues Element die Drittstufenabtrennung erproben. Die dritte Stufe war allerdings wie bei F6.1 eine Attrappe. Der gescheiterte Start von F6.1 machte eine Verschiebung des Starts von Oktober auf Dezember 1967 nötig.

Am 4.12.1967 fand der erste Startversuch statt, doch der Countdown musste abgebrochen werden, als es einen Energieverlust in einem Subsystem gab. Am 5.12.1967 lief der Countdown bis Null herunter – aber die Blue Streak zündete nicht. Schließlich fand der Start einen Tag später statt, am Nikolaustag des Jahres 1967.

Die Blue Streak arbeitete ordnungsgemäß und schaltete sich zum vorgegebenen Zeitpunkt ab. Nun zündete zwar die Coralie, doch versagte die Stufentrennung. Die Stufe blieb mit der Blue Streak verbunden. Es hatten sich bei der Stufentrennung einige elektrische Verbindungen nicht gleichzeitig getrennt, und der Flight Sequencer setzte aus. Da es bei anderen Tests ebenfalls Verkabelungsprobleme in der Coralie gegeben hatte und der Flight Sequencer auch bei den Flügen G1 – G3 und eventuell auch beim Flug F6.1 nicht korrekt funk-

*Abbildung 5: Die Europa hebt zum Testflug F7 ab.*

tioniert hatte, musste die Elektronik der Coralie vollständig überarbeitet werden.

Bei diesem Versuch konnte erstmals das Steuer- und Kontrollsystem für die Europa getestet werden.

Obgleich kein Flug der Coralie erfolgreich gewesen war, ging die ELDO nun zu Phase IV über, den Flügen der kompletten Rakete. Allerdings machten Änderungen an dem Trennungsmechanismus und am elektronischen System der Coralie eine Verschiebung des nächsten Starts von April auf November 1968 nötig. Damit war der Plan, in den Jahren 1968 und 1969 jeweils zwei Flüge mit der dritten Stufe durchzuführen und in die operationelle Phase überzugehen, nicht mehr durchführbar.

Der Flug F6.2 wirkte sich auch auf das Testprogramm selbst aus. Die 107 Millionen Dollar, die 1966 als Reserve eingeplant worden waren, wurden nun schon teilweise benötigt. Der Zeitplan war Makulatur und die Starts von F11 – F13 wurden von Woomera nach Kourou verlegt, das ab 1970 dann alle Starts übernehmen sollte.

Zeitweise wurde erwogen, F6.3 mit einer Dummy-Coralie einzuschieben, um die Astris zu testen. Doch da der Erkenntnisgewinn eines solchen Tests nur gering war, ließ die ELDO von diesem Vorhaben wieder ab.

# F7

Testflug F7 war der erste Flug der Phase IV, also des Tests des kompletten Trägers inklusive des Testsatelliten. Es ging bei diesem Flug primär um den Test der dritten Stufe Astris, die den rund 250 kg schweren Testsatelliten STV in eine 400 × 640 km hohe Bahn bringen sollte. Am 30. November 1968 startete die Europa-I von Pad 6A in Woomera.

Der Flug verlief zunächst ohne Probleme. Diesmal gab es keine Probleme mit der Coralie. Auch die Stufentrennung zur dritten Stufe funktionierte, doch nur 0,5 Sekunden später kam es zur Explosion der Astris. Am Boden konnte man diesen Fehlschlag mit Teleskopen beobachten. Leider gab es zu diesem Zeitpunkt noch keine Daten von der Astris. Denn die Telemetriekanäle mit hoher Datenrate übertrugen zu diesem Zeitpunkt noch Daten der Stufentrennung. Das Einzige, was an Daten verfügbar war, waren wenige Messungen des Leitungsdrucks der Triebwerke, der kurz vor der Explosion rasch anstieg.

Die Fehlersuche konzentrierte sich zuerst auf den Stufentrennungsmechanismus. Schließlich hatte dieser auch bei Flug F6.2 Probleme gemacht, dort allerdings bei der Coralie. Es gab zwar Abweichungen, doch wie sich bei F8 zeigen sollte, war der Stufentrennungsmechanismus unschuldig an der Explosion der Astris.

# F8

Aufgrund der Probleme bei F6 und F7 hatte die ELDO den Plan, mit F8 erstmals einen echten Satelliten (und keinen Testsatelliten) zu starten, aufgegeben. Am 2.7.1969, nur sieben Monate nach F7, hob die neunte Europa-I in Woomera vom Boden ab.

Im wesentlichen war F8 eine Wiederholung des Fehlschlags von F7. Wieder fiel die Astris 1,3 Sekunden nach der Stufentrennung aus. Da dies später als bei F7 war und es daher auch mehr Messungen von der Astris gab, konnte anhand von 36 Messwerten aus diesen 1,3 Sekunden die wahrscheinliche Fehlerursache erkannt werden.

Die Ursache war ein Bruch des Tankzwischenbodens und dadurch eine Explosion der Drittstufe. Nun musste geklärt werden, wie ein solcher struktureller Bruch entstanden sein konnte. Es gab Vibrationsversuche, den Beschuss des Oxidatortanks mit einer Pulverpatrone und Messungen der Reaktionsgeschwindigkeit von Oxidator und Treibstoff bei einem 8 mm großen Loch. Das Ergebnis bestätigte, dass die Tanks alleine durch die Belastung beim Flug nicht zerstört werden konnten. Weitergehende Untersuchungen konzentrierten sich auf die Sprengbolzen und die pyrotechnischen Komponenten, denn als wahrscheinlichste Fehlerursache kam sehr bald eine Selbstzerstörung durch das Selbstzerstörungssystem der Astris in Betracht. Die Untersuchungen des Tanks zeigten, dass Vibrationen oder kleine Löcher niemals eine so schnelle Reaktion ergeben konnten. Der Tank musste buchstäblich gesprengt worden sein.

Die Zünder des Selbstzerstörungssystems reagierten bei einem Versuch auch unterhalb der Sicherheitsschwelle von 36 Volt. Bei einem Test der Sprengbolzen zur Stufentrennung war es möglich, die Sprengbolzen für die Selbstzerstörung der Astris zu zünden, ohne diese durch ein elektrisches Signal zu aktivieren. Somit hatten die Ingenieure der Herstellerfirma ERNO die Ursache gefunden. Bei der Stufentrennung durch andere Sprengbolzen entstanden elektrisch leitfähige Gase, die zu einem Kurzschluss in den Kontakten der Sprengbolzen der Astris führten und die Selbstzerstörung der Rakete auslösten.

Es wurden umfangreiche Änderungen am Zündmechanismus der Sprengbolzen der Astris durchgeführt. Alle Minuskontakte der Zünder wurden miteinander verbunden und über einen 100-kOhm-Widerstand auf Masse gelegt. Das Selbstzerstörungssystem wurde galvanisch vom Stufentrennsystem getrennt und mit dem Satellitentrennungssystem verbunden. Eine Selbstzerstörung war nun nur noch während des Betriebs der ersten Stufe und nach Abtrennung der zweiten Stufe möglich. Sensoren wurden häufiger abgefragt, sodass nun 200 Messungen pro Sekunde erfolgten. Dies sollte es im Wiederholungsfall einfacher machen, Fehler zu erkennen.

Um diese Änderungen durchführen zu können, wurde im September 1969 der Flug F9 vom 24.11.1969 auf April 1970 verlegt. Die Verzögerung warf auch neue finanzielle Probleme auf. Es bedeutete, Woomera weitere sechs Monate offen zu halten, falls ein weiterer Testflug (F10, geplant für August 1970) notwendig wäre. Die Kosten dafür wären von Deutschland zu tragen, da die deutsche Stufe zweimal hintereinander versagt hatte.

In den Achtziger Jahren bekam ich in einem persönlichen Gespräch mit einem ASAT-Mitarbeiter allerdings auch eine zweite Erklärungsmöglichkeit genannt. Demnach waren in der dritten Stufe Verbindungsstecker auf beiden Seiten unterschiedlich verbunden: Stromführende Leitungen auf Masse und umgekehrt. Dies sollte, sobald die Stufe aktiviert wurde, ihre Selbstzerstörung ausgelöst haben. Da der Untersuchungsbericht nach F11 sehr deutlich gravierende Mängel in dem elektrischen System der dritten Stufe, insbesondere in der Abstimmung zwischen MBB und ERNO aufzeigte (und dies war immerhin drei Jahre später) erscheint mir diese Erklärung ebenfalls recht plausibel.

# F9

Der letzte Flug einer Europa-I erfolgte erst nach einem Jahr Pause, in dem das elektrische System der Astris überarbeitet wurde. Am 12.6.1970 hob die letzte Europa-I von Woomera aus ab.

Flug F9 war von der ingenieurtechnischen Seite her gesehen ein voller Erfolg. Sowohl Blue Streak, wie auch Coralie arbeiteten wie vorgesehen. Die Astris arbeitete ordnungsgemäß, obwohl es einen Druckabfall beim Haupttriebwerk gab. Die Folge war ein Schubabfall nach einiger Zeit, wodurch diese 367 anstatt 356 Sekunden lang brannte. Die Ursache war ein zu hoher Heliumverlust, bedingt durch eine Verschmutzung eines Druckminderungsventils. Der spezifische Impuls blieb jedoch gleich hoch, sodass die Stufe bei einem Schubabfall weniger Treibstoff pro Sekunde verbrauchte und die Betriebszeit anstieg.

Leider beförderte auch dieser Start keinen Testsatelliten in einen Orbit, denn die Nutzlastverkleidung wurde nicht abgetrennt. Der entsprechende Stecker löste sich vorzeitig durch Vibrationen in der 78sten Flugsekunde, sodass das Abwurfsignal nach 222 Sekunden nicht übertragen wurde. Damit hatte die dritte Stufe die doppelte Nutzlast zu transportieren (560 anstatt 260 kg), und dies war nach ELDO Angaben zu viel. Die Stufe arbeitete, bis der Treibstoff verbraucht war, erreichte aber nur eine Endgeschwindigkeit von 7.100 m/s, statt der geplanten 7.893 m/s. Die Stufe fiel mit der Nutzlast in die Karibik.

In der Retrospektive ist dieser letzte Flug allerdings weiterhin rätselhaft. Die Europa-I war für rund 900 kg Nutzlast in einen polaren Orbit ausgelegt, und selbst mit nicht abgetrennter Nutzlasthülle wog die Nutzlast nur rund 570 kg. Der Satellit sollte ursprünglich in einen exzentrischen Orbit von 485 × 3.400 km Höhe abgesetzt werden – dafür hätte er eine deutlich höhere Geschwindigkeit als 7.893 m/s – nämlich rund 8.262 m/s erreichen müssen. Da die Nutzlast für das Erreichen einer kreisförmigen, niedrigen Erdumlaufbahn (welche den von der ELDO angegebenen 7.893 m/s entspricht) aber nicht nur 570 kg, sondern sogar 870 kg betrug, musste die dritte Stufe rapide an Leistung verloren haben, deutlich mehr als angegeben. Eventuell wurde die Astris vom Boden aus abgeschaltet, zu einem Zeitpunkt, als sie durch den verringerten Schub noch beträchtliche Mengen an Resttreibstoff in ihren Tanks hatte oder es wurde eine Treibstoffkomponente schneller verbraucht und es gab so Reste der Zweiten, wie die bei einem Ariane 5 Start der Fall war, bei der die Nutzlast auch eine zu geringe Bahn erreichte, obwohl die letzte Stufe bis zum Erschöpfen einer Komponente arbeitete. Diese Hypothese ist vereinbar mit den veröffentlichten Angaben zum Start. Eine dritte Möglichkeit ist das durch den Heliumverlust die Abschaltung nach 367 s ausgelöst wurde, als der Tankdruck unter eine kritische Grenze fiel und die Stufe noch Resttreibstoff enthielt.

Eine genaue Erklärung für den Fehlstart wurde niemals veröffentlicht. Für die ELDO war er dennoch ein Erfolg: 12 der 16 Ziele des Fluges wurden erfüllt. Die Öffentlichkeit sah dies jedoch anders. Nach sechs Jahren Entwicklung und zehn Starts hatte die Europa-I noch keinen einzigen Satelliten in den Orbit gebracht. Von den beteiligten Firmen wurde ein weiterer Start gefordert, damit sicher war, dass die Europa-I nun voll einsatzfähig war. Doch nach dem Flug F9 wurde die Entwicklung der Europa-I für beendet erklärt, und die ELDO zog von Woomera nach Kourou um. Die Europa-II sollte nun den bisherigen Träger ablösen. Der letzte Flug einer Europa-I, F10, wurde gestrichen.

# Das Vermächtnis

Obgleich die Europa nie über das Testprogramm herauskam, hinterließ sie ein Vermächtnis. Sie war das erste Projekt einer europäischen Zusammenarbeit in der Raumfahrt. Die Fehler, die bei der ELDO begangen wurden, wurden bei Ariane nicht nochmals begangen.

Die Entwicklung hinterließ eine Infrastruktur in ganz Europa, um die Rakete und ihre Stufen zu testen. Am wenigsten konnte sich Deutschland beschweren, auch wenn zur damaligen Zeit Artikel erschienen, die beklagten, wie viel der deutsche Steuerzahler für die ELDO ausgegeben hatte. Vor der Entwicklung der Astris gab es in Deutschland seit 1945 keine eigene Raketenentwicklung. Nun gab es nicht nur die Teststände in Lampoldshausen, sondern auch zwei Firmen mit der Fähigkeit, eigene Raketenstufen zu fertigen. MBB verfügte sogar durch das Europa-III Programm über Erfahrungen mit Wasserstoff als Treibstoff. Die Astris setzte viele Technologien ein, die damals als bahnbrechend galten. Deutschland hätte wahrscheinlich mindestens genauso viel investieren müssen, um sich dasselbe Know-How zu erarbeiten.

Das traf auch auf die anderen Länder zu. Es gab in Europa nun Teststände für Raketentriebwerke bis zu 1.000 kN Schub. Es gab Höhenteststände, in denen im Hochvakuum die Zündung und der Betrieb von Stufen im Vakuum erprobt wurden. Und es gab Weltraumsimulationskammern, in denen Satelliten auf ihre Funktion im Weltraum getestet werden konnten.

Kourou war als Weltraumbahnhof erschlossen worden. Für die „Ariane" musste der Startkomplex der Europa-II nur umgebaut werden. Ohne Zweifel wäre die Entwicklung der Ariane ohne diese Vorarbeiten deutlich teurer geworden.

Der deutsche Anteil an der ELDO betrug rund 600 Millionen DM, im Mittel waren 700 Personen in Deutschland an dem Projekt beteiligt.

# Warum scheiterte die Europa?

Obgleich die Rakete „Europa" hieß, gab es keine echte europäische Zusammenarbeit. Die Rakete wurde aus Komponenten zusammengestellt, welche aus fünf europäischen Ländern stammten. Zwar funktionierte jede Stufe für sich, aber die Zusammenarbeit der verschiedenen Systeme klappte nicht:

- Bei den Flügen F7 und F8 sprengte sich die dritte Stufe selbst, als Pulvergase eine elektrische Entladung verursachten und den Selbstzerstörungsmechanismus aktivierten.

- Beim späteren Flug F11 war der Steuerungsrechner nicht ins System integriert worden und fiel im Flug durch elektrostatische Aufladung aus.

Das alles waren typische Fehler, die entstehen, wenn jeder Hersteller zwar sein eigenes Produkt ausgiebig testet, aber das Gesamtsystem nicht getestet wird. Der Untersuchungsbericht, der zu F11 veröffentlicht wurde, zeigte diese Mängel recht deutlich, nur kam diese Erkenntnis zu spät. Eine solche Untersuchung und vor allem wirksame Maßnahmen hätte es schon einige Starts früher geben müssen. Sehr merkwürdig ist auch, dass die ELDO trotz mehrfacher Fehlstarts an dem ursprünglichen Plan der Startreihenfolge stur festhielt, statt erst einmal die offenen Probleme endgültig zu beseitigen.

Auch die ESA bezeichnet es als Kardinalfehler, dass es keinen „Prime Contractor" gab, also einen Hauptauftragnehmer. Dieser ist für das gesamte Produkt verantwortlich und damit auch für die Integration der einzelnen Komponenten und Verträglichkeitsprüfungen. Bei Ariane wurde dieser Fehler vermieden. Darin lag auch eine Chance zur Kosteneinsparung, indem doppelte Entwicklungen in verschiedenen Ländern vermieden werden konnten. Die ELDO versuchte dem gegenzusteuern, so war z. B. für die zweite Stufe der Europa-III mit Cryorocket eine Firma beauftragte, die aus zwei Unternehmen (SEP und MBB) aus verschiedenen Ländern bestand.

Charakterisiert war die ELDO dadurch, dass sich die Interessen der beteiligten Länder im Laufe der Entwicklung verschoben. England war anfangs die treibende Kraft, welche die Europa auf den Weg brachte. Ab 1966 verschoben sich aber die Interessen der britischen Regierung. Das Ziel war zuerst eine Reduktion der Beteiligung und später dann ein Ausstieg aus dem Projekt. Aus dem gleichen Grunde wurde 1970 auch die Entwicklung der Black Arrow beendet. Der wesentliche Grund war, dass die 1964 gewählte Labour Regierung in der Entwicklung von Trägerraketen keinen offensichtlichen Nutzen für die Wirtschaft des Landes oder die technologische Forschung sah. Dies war anders bei den Satelliten, doch hier gab es

Startzusagen von der NASA. Bis heute ist England in der Raumfahrt kein großer Spieler in Europa.

Anders argumentierte Frankreich: Schon bald erkannte die französische Regierung die Bedeutung von geostationären Satelliten. Für den Start dieser Systeme war die Europa-I jedoch zu klein. So drängte Frankreich schon 1965 darauf, die ELDO B1 und B2 zu bauen, noch bevor überhaupt die Phase I (mit Tests der Blue Streak alleine) abgeschlossen war.

Frankreich entwickelte eine Opposition zu England. Es gab schon früh Vorschläge, die Blue Streak durch eine französische Stufe zu ersetzen. Kourou konnte sich gegen Darwin als Startplatz durchsetzen, und auch der französische Vorschlag für die Europa-III wurde angenommen. Als wären diese nationalen politischen Interessen nicht schon Zündstoff genug, klappten auch die Starts nicht, was natürlich England (und später Italien) den Grund lieferte, die Mitwirkung an dem Programm zu beenden.

Innerhalb Deutschlands gab es das Problem, dass der Rückstand im Raketenbau gegenüber Frankreich und England sehr hoch war, denn anders als bei diesen Nationen war es die erste Stufe, die man nach dem Krieg entwickelte, sondern auch politische Interessen das Projekt tangierten. So gab es erst 1962 ein eigenes Forschungsministerium und dieses wurde während der sechziger Jahre bei Großprojekten von den Interessen zur Verbesserung der innereuropäischen Zusammenarbeit und der transatlantischen Zusammenarbeit beeinflusst.

Das gesamte europäische Weltraumprogramm war falsch organisiert. Es gab eine ESRO, die Satelliten baute und eine ELDO, die Raketen baute. Beide arbeiteten unabhängig voneinander. Die ESRO zeigte aber auch, dass es anders ging. Sie baute eine eigene Organisation auf, hatte übernationale Einrichtungen wie das ESTEC oder ESRIN, erwarb sich Kompetenzen und leitete selbst die Entwicklung der Satelliten. Der ELDO-Rat hatte dagegen keinerlei eigene Kompetenzen und Befugnisse. Alle wesentlichen Entscheidungen fielen auf Ministertreffen bei internationalen Konferenzen. Als 1975 die ESA gegründet wurde, wurde derselbe Fehler nicht noch einmal begangen. Die ESA wird zwar durch regelmäßige Ministerratstreffen finanziert, doch sie behält die Kontrolle über die Durchführung der Programme. Dabei gibt es Programme, an denen alle Mitglieder teilnehmen müssen und Programme, an denen nur daran interessierte Nationen teilnehmen. Die ESA ist heute wesentlich stärker, als es ESRO und ELDO zusammen waren. Das hat sich ausgezahlt. Charakteristisch war auch, dass die Industrie bei der Europa kein Eigeninteresse an der Weiterentwicklung, Verbesserung und Vermarktung der Trägerrakete hatte. Warum sollte dies dann von den Regierungen erwartet werden?

# Aufbau der Europa-I

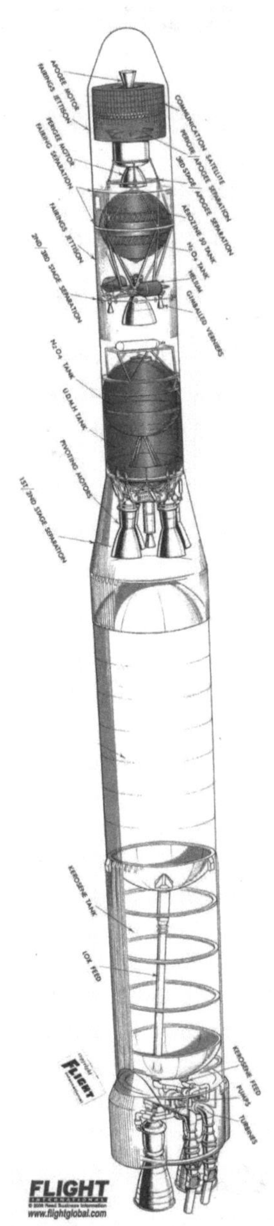



Die Europa bestand aus drei Stufen und einem Lenkungssystem. Dazu kamen die Bodenanlagen zur Bahnverfolgung, Installationen am Testgelände in Woomera und spezifische Testsatelliten. Für eine dreistufige Trägerrakete von rund 100 t Startmasse beförderte die Europa-I eine recht kleine Nutzlast von nur etwa 0,9 t. So hatte die Atlas-Agena mit denselben Treibstoffen und ca. 130 t Startmasse eine Nutzlast von rund 2,7 t. Woran lag dies?

Die Blue Streak als erste Stufe der Europa-I entsprach technisch der Thor oder Atlas. Um die Investitionskosten zu senken, wurde die Mittelstreckenrakete im Schub nur geringfügig gesteigert. Damit musste auf die Mitführung von sehr großen Oberstufen verzichtet werden. Schon dadurch verringerte sich die Nutzlast. Adäquat bei einer 90 t schweren Erststufe wäre eine über 20 t schwere zweite Stufe und eine 5 bis 6 t schwere dritte Stufe.

Die zweite Raketenstufe Coralie wurde schnell entwickelt. Sie war nicht nur zu klein, auch ihr Leergewicht war zu groß. Normal wäre ein Leergewicht von etwa 1,2 t gewesen, doch durch den massiven Tank wog sie 2 t. Alleine das reduzierte die Nutzlast um 300 kg.

Die dritte Stufe entsprach zwar dem Stand der Technik, war aber zu klein. Die Nutzlast war ausreichend für die Wissenschaftssatelliten der ESRO. Diese starteten in der Regel auf der Scout, ein Satellit (TD-1) auch auf der Delta. Für diese Projekte war die ELDO-A anfangs eher zu groß. Ihre Nutzlast wurde erst zu klein, als 1964 die ersten geostationären Satelliten gestartet wurden und deren Nutzen praktisch sofort sichtbar war.

*Abbildung 6: Querschnitt durch die Europa © der Grafik: Flightglobal.com*

# Die Blue Streak

Die Blue Streak war eine britische Mittelstreckenrakete, die einen 2 t schweren Sprengkopf über eine Distanz von 4.400 km tragen sollte. Entwickelt wurde die Rakete ab 1954. Die Reichweite sollte ursprünglich 2.500 km betragen, aber schon 1958 wurde sie auf 4.000 km erhöht. Der Name „Blue Streak" folgte einer Tradition der Air Force, die ihre Raketen mit „Blau" benannte. Schon vorher war die Boden-Luft Rakete „Blue Steel" nach diesem Muster benannt worden.

Die Blue Streak basierte im wesentlichen auf der Technologie der Atlas. Einige Bauteile wurden in Lizenz gebaut. So waren die Rolls-Royce Triebwerke eine verbesserte Version des S-3 Triebwerks der Jupiter. Verbesserte Versionen dieses Triebwerks wurden auch in der Atlas A bis C oder der Thor eingesetzt. Aufgrund der Konstruktion ist die Blue Streak mit der Atlas zu vergleichen.

Die Triebwerke stammten größtenteils von Rocketdyne. Einige Teile, wie das Sauerstoffventil oder der Gasgenerator, wurden in England selbst entwickelt. Von der Atlas unterschied sich die Blue Streak durch das fehlende Zentraltriebwerk. Zudem war bei der Atlas der Triebwerksblock abtrennbar. Bestrebungen, eigene Triebwerke zu entwickeln, wurde schon während der Definitionsphase aufgrund der hohen Entwicklungskosten aufgegeben.

*Abbildung 7: Heckansicht der Blue Streak in Redu*

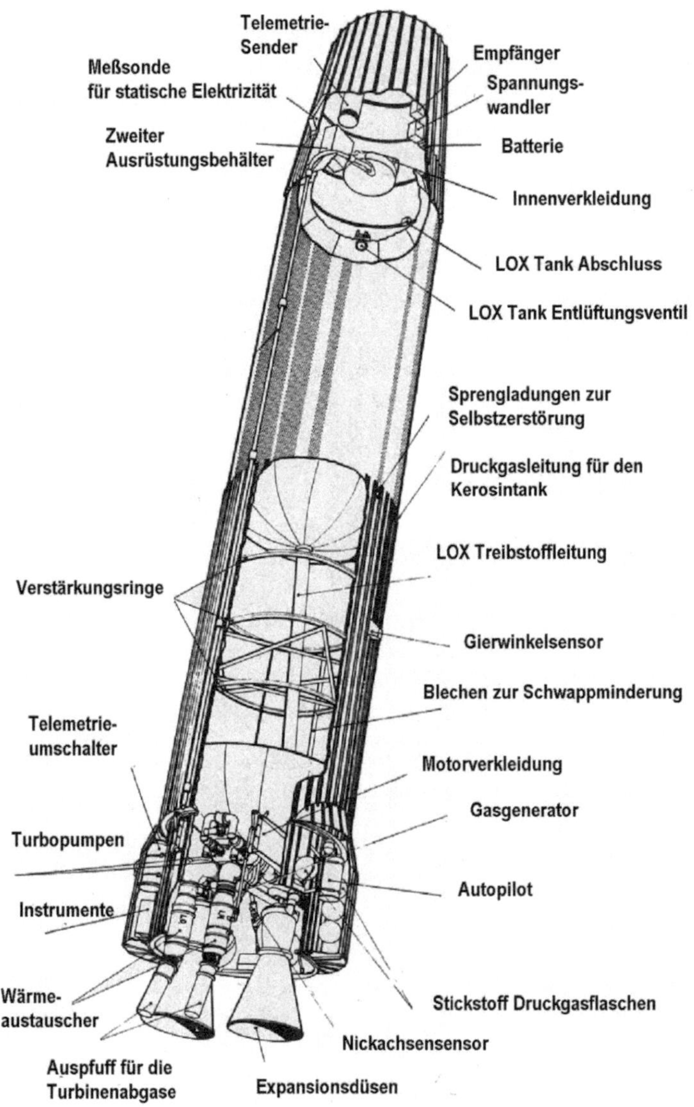



Moderner als bei der Atlas war die Steuerung der Rakete. Anstatt Verniertriebwerke einzusetzen, waren die beiden Triebwerke unabhängig voneinander schwenkbar und kardanisch aufgehängt. Jedes Triebwerk konnte in der Gier- und Nickachse geschwenkt werden. Das

Triebwerk Rolls-Royce RZ2 hatte in der militärischen Variante einen Schub von 610 kN auf Meereshöhe. Für die Europa-I wurde der Schub auf 667 kN gesteigert, um die Oberstufen befördern zu können. Der Triebwerksblock RZ2 bestand aus zwei Triebwerken des Typs RZ-13. Innerhalb des Erprobungsprogramms der ELDO-A kamen drei Typen des RZ2 zum Einsatz: Mark I, II und III. Diese unterschieden sich im verfügbaren Schub. Die operationelle Rakete sollte die Mark III Version einsetzen.

Der Gasgenerator verbrannte Kerosin im Überschuss (0,35 zu 1) und erzeugte so 650 °C heißes Gas. Mit diesem Gas wurde die Turbine zur Förderung des Treibstoffs angetrieben. Für die Schmierung der Pumpen, Turbinen und Getriebelager wurden 13,5 l Öl pro Minute durch Druckstickstoff gefördert. Die Turbopumpe wurde als Kreiselpumpe ausgelegt. Die Zündung erfolgte pyrotechnisch, wobei zum Starten des Gasgenerators und der Turbopumpe ein separater Starttank benutzt wurde. Die Turbine hatte einen gemeinsamen Schaft für beide Turbopumpen mit einem festen Übersetzungsverhältnis von 4,88 zu 1. Das Verbrennungsverhältnis Kerosin zu Sauerstoff war mit 2,2 zu 1 sehr niedrig, das begrenzte die Verbrennungstemperatur, aber auch die Ausströmgeschwindigkeit.

Neben den Triebwerken befanden sich, von einer aerodynamischen Verkleidung umhüllt, die Hydraulik und Elektrik sowie Druckgasflaschen. Diese Verkleidung wurde wie Flugzeugteile gefertigt und bestand aus Aluminium: Eine dünne Haut verstärkt durch Spanten und Stringer. (Stringer sind in Längsrichtung verlaufende Holme in Leichtbauweise, Spanten entsprechende Ringe in der Querrichtung. Beide zusammen bilden ein Gerüst, welche die Hülle versteift).

Stickstoff in sieben Gasflaschen in der Triebwerkssektion diente zur Druckbeaufschlagung der Tanks vor dem Start und zur pneumatischen Betätigung von Ventilen. Die Zündung erfolgte durch pyrotechnische Zünder und Glühdrähte in Brennkammer und Gasgenerator. Dabei wurde das Triebwerk zuerst mit einer Flamme mit Sauerstoffüberschuss gestartet. Im oberen Teil der Blue Streak befand sich neben dem Stufenadapter auch der Autopilot. Er veranlasste den Brennschluss der Stufe, wenn entweder ein Schubabfall das Verbrauchen des Treibstoffs signalisierte oder wichtige Parameter der Rakete außerhalb der Spezifikationen lagen.

Wie die Atlas verfügte die Blue Streak über durch Druck versteifte Tanks mit teilweise nur 0,5 mm Wandstärke. Ohne einen entsprechenden Innendruck wären die Tanks kollabiert. Sie standen daher auch leer unter einem Überdruck von 0,35 bar (LOX) und 0,11 bar (Kerosin). Vor dem Start und während des Betriebs der Stufe wurde der Druck auf 1,8/0,82 bar (LOX/Kerosin) erhöht. Die Tanks bestanden aus Stahl, da sie sich beim Aufstieg durch die Luftreibung bis auf 500°C erhitzten. Der untere Tank nahm das Kerosin auf, der Obere den flüssigen Sauerstoff. Der Kerosintank wurde mit Stringern verstärkt, um die Lasten besser aufzunehmen und die Neigung zur Vibration zu verringern. Im Sauerstofftank wurde darauf verzichtet. Die Druckbeaufschlagung der Tanks erfolgte vor dem Start mit Stickstoff. Nach dem Start wurden die Abgase des Gasgenerators nach Passieren der Turbine durch einen Wärmetauscher geleitet. Er erhitzte flüssigen Sauerstoff aus dem LOX-Tank, um diesen damit unter Druck zu halten und flüssigen Stickstoff, um den Kerosintank am Kollabieren zu hindern. Der Vorrat an flüssigem Stickstoff betrug 66 kg. Die Flasche für gasförmigen Stickstoff hatte ein Volumen von 17 l mit einem Anfangsdruck von 211 bar.

Die Blue Streak hatte eine eigene Stromversorgung bestehend aus Silber-Zink Batterien, welche maximal 2.100 Watt Leistung lieferten. Der Spitzenstromverbrauch betrug 1.180 Watt. Es wurden zwei Wechselspannungen mit 400 und 2400 Hz Frequenz benutzt. Weiterhin hatte die Stufe eine eigene Steuerung und Sender. Die Telemetrie wurde bei 249 und 465 MHz zum Boden übertragen. Es gab vier Empfänger für das redundant vorhandene Selbstzerstörungssystem. Vom Boden aus konnte per Kommando die Tankwand zerstört werden. Die Steuerung der Blue Streak erfolgte mittels Kreiselplattformen als interner Referenz. Sie wurden programmgesteuert geneigt, und die Rakete folgte dieser Neigung. Die Elektronik befand sich in der oberen Gerätezelle, die als Stufenadapter ausgelegt war.

Entwickelt und gefertigt wurde die Blue Streak von Hawker-Siddeley Dynamics. Die wesentliche Modifikation der Rakete für die Europa-I bestand in der Schubsteigerung. Als Mittelstreckenrakete hätte die Blue Streak einen Gefechtskopf von 1,36 t Gewicht transportieren müssen. Nun galt es, zwei Oberstufen und einen Satelliten im Gesamtgewicht von 18 t zu transportieren. Der maximale Schub (im Vakuum) musste so von 1.334 auf 1.575 kN angehoben werden. Die Struktur musste ebenfalls verstärkt werden, und das Strukturgewicht stieg um 500 kg von 6.124 kg bei der militärischen Variante an. Die obere Gerätezelle wurde für den Stufenadapter der Coralie angepasst. Wegen der auftretenden, höheren Kräfte wurde für die Zelle eine Spanten- und Stringerbauweise eingesetzt. Die für die Flüge F13 und F14 bestellten Stufen hatten einen Wert von 3 Millionen Pfund.

Für die operativen Europaraketen wurden die Mark III Exemplare des RZ2 verwendet, die am Boden 670 anstatt 610 kN Schub entwickelten. Das erlaubte es, in der Blue Streak etwa 5 t mehr Treibstoff zuzuladen. Der Tank wurde allerdings nicht verlängert. Dies wurde bei der Europa II genutzt.

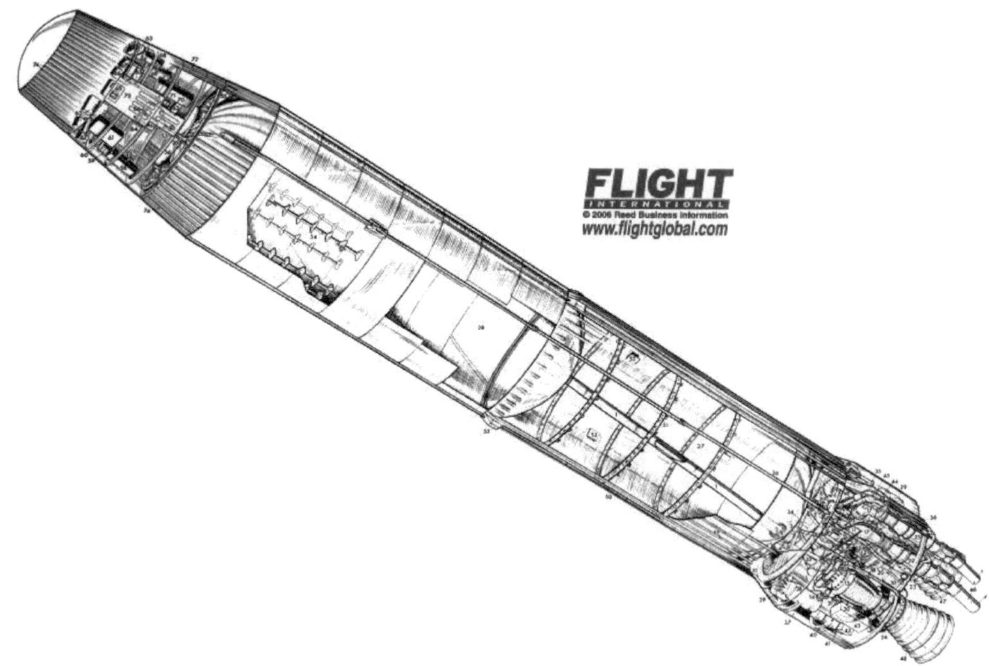



*Abbildung 8: Die Blue Streak der Europa I © der Abbildung flight Global.com*

| RZ2 | |
| --- | --- |
| Gewicht: | 2 × 750 kg |
| Maximaler Durchmesser: | 1,53 m |
| Brennkammerdruck: | 39,6 bar |
| Expansionsverhältnis: | 8:1 |
| Treibstoffe: | LOX/Kerosin im Verhältnis 2,16: 1 |
| Temperaturen: | 3190 °C Verbrennungstemperatur<br>470 °C am Düsenhals<br>400 °C an der Brennkammerwand |
| Kühlung: | Regenerativ mit 312 Nickelröhren |
| Schub: | MK I: 2 × 610 kN (Meereshöhe), 2 × 775 kN (Vakuum)<br>MK II: 2 × 667 kN (Meereshöhe), 2 × 786 kN (Vakuum)<br>MK III: 2 × 735,5 kN (Meereshöhe), 2 × 886 kN (Vakuum) |
| Steuerung: | Hydraulisches Schwenken mit Druckgas 211 bar, maximal 0,7 Grad/s<br>Bereich ± 7 Grad. |
| Spezifischer Impuls: | 2.438 m/s Meereshöhe, Vakuum |

| Blue Streak | |
| --- | --- |
| Länge: | 18,75 m |
| Durchmesser: | 3,05 m Tanks, 3,80 m (maximal) |
| Startgewicht: | 89.400 kg (Europa-I), 94.940 kg (Europa-II) |
| Treibstoffe: | Max. 87.720 kg, davon maximal 61.700 kg LOX und maximal 26.700 kg Kerosin |
| Trockengewicht: | 6.400 kg (Europa-I), 6.289 kg (Europa-II) |
| Tanks: | 1.500 kg, 14 m Länge, 56,6 m³ LOX, 35,4 m³ Kerosin |
| Gewicht Triebwerke: | 2 × 750 kg |
| Maximale Betriebsdauer: | 155 s Europa I, 160 s Europa II |

# Die Coralie

Getreu der französischen Tradition, neue Raketenstufen nach Edelsteinen zu benennen, bekam die dritte entwickelte Rakete bzw. Stufe, den Namen „Coral" (Koralle) nach „C", dem dritten Buchstaben im Alphabet. Um Australien die Referenz zu erweisen, das im Französischen „Australie" heißt, wurde daraus die „Coralie". Gefertigt wurde sie von LBRA Nord Aviation. Verantwortlich für die Entwicklung war wie bei der Diamant das SEREB. Zeitweise wurde darüber nachgedacht, die Coralie in einer eigenen französischen Rakete namens Vulcain einzusetzen.

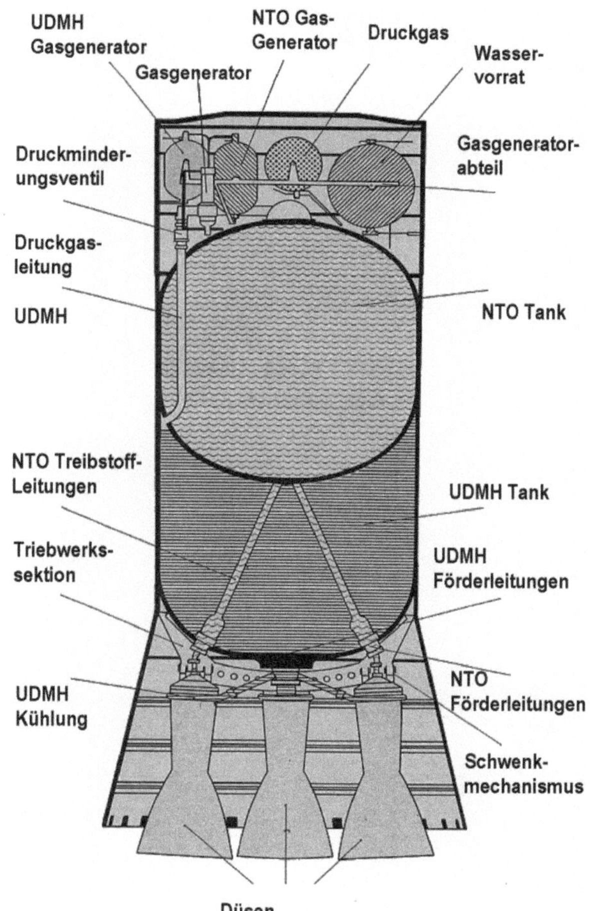


*Abbildung 9: Querschnitt durch eine Coralie*

Die französische Zweitstufe Coralie wurde rasch entwickelt, die Konstruktion wurde deswegen bewusst einfach gehalten. Der Termindruck bei dieser Stufe war am größten, denn die Astris sollte erst fliegen, wenn die Coralie im Flug erprobt war. Das bedeutete, ASAT konnte sich für die Entwicklung der dritten Stufe mehr Zeit lassen. Die erste Stufe, die Blue Streak, existierte dagegen bereits. Im Laufe der Entwicklung wurde der Durchmesser von 1,40 auf 2,01 m erhöht, und die Länge von 6,10 auf 5,50 m reduziert. Die Treibstoffzuladung stieg dennoch wegen des größeren Durchmessers 6.260 auf 10.000 kg an. Der Schub wurde nur leicht von 250 auf 284 kN gesteigert.

Das Design der Coralie hatte Ähnlichkeiten mit der Erststufe der Diamant. So entsprach der ursprünglich vorgesehene Durchmesser von 1,40 m genau dem der Diamant. Man verzichtete auf eine Turbopumpe und verwendete eine Druckgasförderung. Diese Entscheidung war durch den Termindruck begründet. Auch das Triebwerk Vexin wurde in der Diamant verwendet, die Europa setzte das Vexin A ein, die Diamant die schubstärkere B-Version, das mit einer anstatt vier Brennkammern auskam.

Wie bei der Emeraude (Diamant Erststufe) resultierte daraus eine hohe Leermasse. Das hatte bei der Europa-I erheblich größere Auswirkungen auf die Nutzlast als bei der Diamant. Der Einfluss der zweiten Stufe auf die Nutzlast ist deutlich höher als derjenige der Ersten.

Vor dem Start betrug der Druck in den Tanks 10 bar, während des Flugs wurde er auf 18,4 bar erhöht. Er musste höher sein als der Brennkammerdruck von 13,8 bar. Die Leermasse war vor allem durch die Tankform so hoch. Für druckgeförderte Triebwerke ergibt sich das geringste Strukturgewicht durch kugelförmige Tanks. In der Coralie kamen jedoch zylinderförmige Tanks zum Einsatz. Bei dieser Bauform muss der untere und obere Boden sehr dick sein, um nicht unter dem Druck auszubeulen. In den Tanks befanden sich bis zu 6.500 kg NTO und 3.500 kg UDMH. Die Tanks wurden aus 40 Stahlblechen gefertigt. Der verwendete Stahl 40 CDV 20 hatte eine Festigkeit von 155 kg/mm² und einen hohen Vandiumanteil. Es gab vier Ventile für

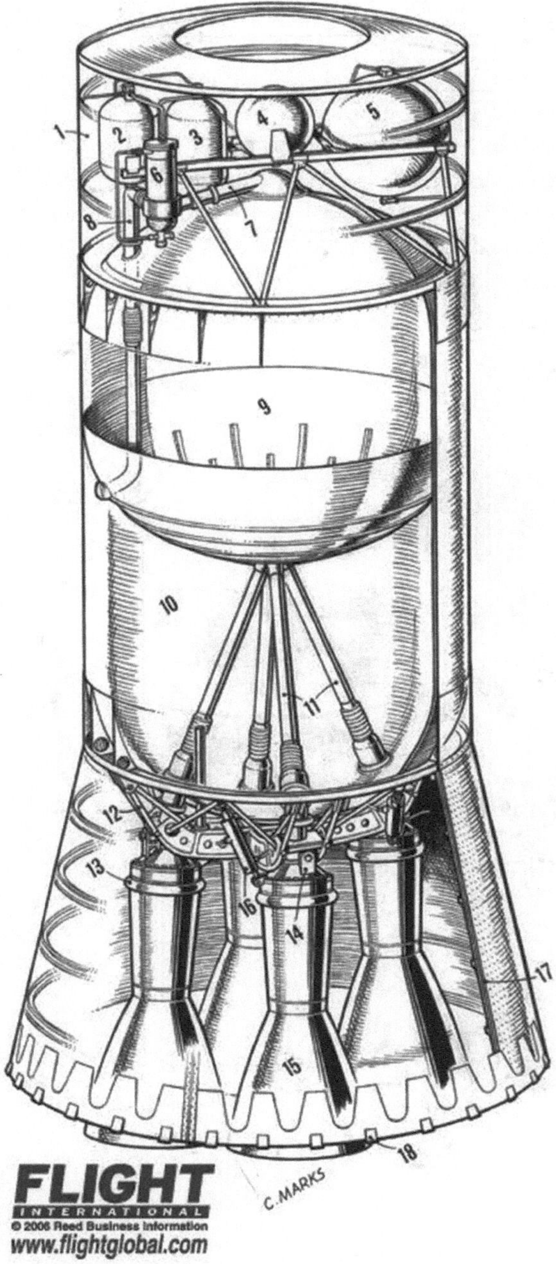


*Abbildung 10: Coralie, Blick auf die verschiedenen Subsysteme © der Grafik: Flightglobal.com*

die Treibstoffleitung des NTO, aber nur eines für das UDMH. Das erlaubte es, die Coralie weich in zwei Stufen zu starten.

Die Druckbeaufschlagung geschah mit einem Druckgasgenerator oberhalb der Treibstofftanks. Er verbrannte Treibstoff aus eigenen Tanks und nutzte Wasser zur Kühlung und zur Erzeugung des Hochtemperaturdampfes. Der Gasgenerator wurde mit den Triebwerken gestartet und arbeitete bis 75 Sekunden nach der Zündung. Die letzten 20 Sekunden des Betriebs nahm der Druck in den Tanks nur noch geringfügig ab, da sie zu diesem Zeitpunkt schon zu ¾ leer waren und sich damit das dem Druckgas zur Verfügung stehende Volumen nur noch geringfügig vergrößerte. Die Verbrennung im Gasgenerator musste vollständig sein, damit das Arbeitsgas weder mit dem UDMH noch mit dem Stickstofftretoxyd reagierte, wenn es in deren Tanks injiziert wurde. Diese Technologie wurde später auch bei der Ariane eingesetzt.

Das Triebwerk wurde nicht regenerativ gekühlt, sondern verwendete wie bei der Emeraude das Prinzip der Filmkühlung. Die Filmkühlung führt zu einem geringeren Druckverlust bei der Passage der Triebwerkswand als eine regenerative Kühlung. Da am Injektor mindestens eine Druckdifferenz von 5 bar zum Tankdruck vorhanden sein musste, kam nur diese Kühlungsmethode in Frage. Die Energieausbeute ist aber geringer als bei einer regenerativen Kühlung.

*Abbildung 11: Qualitätsprüfungen an der Coralie bei Nord Aviation*

Um die Stufenlänge zu verkürzen, hatte sich die SEREB für ein Triebwerk Vexin mit vier Brennkammern entschieden. Jede Brennkammer hatte eine eigene Treibstoffleitung und erzeugte einen Schub von 71 kN. Das Triebwerk war in einem Diagonalträger aufgehängt. Das Schwenken erfolgte durch hydraulische Aktoren. Es gab an jeder Brennkammer eine eigene Hydraulik. Jede Brennkammer war nur in einer Raumachse schwenkbar, was die Konstruktion des Schwenkmechanismus vereinfachte. Der spezifische Impuls war kleiner als bei einem größeren Triebwerk. Doch andere praktische Vorteile, wie die Möglichkeit mit vier Triebwerken, ohne die Notwendigkeit von Verniertriebwerken, in jeder Raumachse steuern zu können, wogen dies auf. Die Düsen wurden passiv strahlungsgekühlt, der Düsenhals war mit einem hochtemperaturfesten Graphitring ausgekleidet. Die Abgase der Hydrauliksteuerung trafen auf die Unterseite der Stufe, daher wurde diese mit einem asbesthaltigen Material als Thermalschutz beschichtet.

Die aktive Steuerung der Flugbahn erfolgte durch den Autopiloten der dritten Stufe. Die Coralie verfügte zusätzlich über einen einfachen Steuerungsrechner. Er war für die Triebwerkssteuerung zuständig und übersetzte die Signale des Autopiloten in Impulse für die Schwenkmechanismen der vier Düsen. Der Start der Triebwerke und die Stufentrennung erfolgten programmgesteuert durch einen eigenen Zeitgeber (Flight Sequencer).

Die vier schwenkbaren Triebwerke erlaubten es, auf eine Rollsteuereinrichtung zu verzichten. Das Schwenken erfolgte durch eine Hydrauliksteuerung. Die Stufe wurde noch vor der Stufentrennung, ähnlich wie bei sowjetischen Raketen, gezündet. Damit umging man Probleme mit der Zündung in der Schwerelosigkeit. Sprengbolzen sorgten dann für die Abtrennung von der Blue Streak. Dieses Manöver wurde als kritisch angesehen, weil es dabei nicht zu Bewegungen in der Nick- und Gierachse kommen dürfte, um eine Stufenkollision zu vermeiden. Einen separaten Stufenadapter zur ersten Stufe gab es nicht, stattdessen trug die Coralie einen fest verbundenen Ringadapter als Verbindung mit der ersten Stufe. Dieser wurde bei der Stufentrennung pyrotechnisch in der Mitte durchtrennt. Feststofftriebwerke im Adapter beschleunigten die Coralie, bewegten sie dabei von der unteren Stufe weg und sammelten die Treibstoffe am Boden. Danach erfolgte die Zündung.

UDMH und Stickstofftetroxid entzünden sich bei Kontakt spontan, sodass kein Zünd-mechanismus eingebaut werden musste. Sie befanden sich in einem gemeinsamen Tank mit einem Zwischenboden. Das Mischungsverhältnis von NTO zu UDMH betrug 2,0 zu 1. Das UDMH war in größerer Menge vorhanden, da dieser Treibstoff zugleich auch zur Filmküh-lung benötigt wurde.1964 gab die SEREB an, dass die Entwicklungskosten für die Coralie, für sechs Tests am Boden und für die Variante Cora (für Flugtests) nur 150 Millionen Franc betragen würden. Schon Ende 1963 konnte SEREB 20 Tests der Einzeltriebwerke vorweisen, aber es fehlte noch ein Test aller vier Triebwerke zusammen. In der Folge geriet die Erpro-bung dann jedoch mehr und mehr in Verzug.

Mit der Cora fanden 1966 und 1967 drei Testflüge mit Dummy-Satelliten und einer Nutz-lastverkleidung statt. Obgleich es bei allen drei Flügen Probleme mit der Elektronik gab, galt die Coralie nach diesen drei Flügen als qualifiziert. Ursprünglich sollte auch ein Massen-modell der dritten Stufe mitgeführt werden und die Stufentrennung durchgeführt werden, um ein realistisches Flugprofil zu erproben. Dieses wurde aber wegen der auftretenden Pro-bleme niemals mitgeführt.

Die Testflüge erfolgten mit einer Cora genannten Version, bei der die Triebwerke für einen Start am Boden modifiziert waren und die Stufe mit einer aerodynamischen Verkleidung

*Abbildung 12: Die letzte eingesetzte Coralie vom Flug F11*

umhüllt war. Die Düsen der Cora waren für den Betrieb am Boden kürzer. Der Schub betrug beim Start 268 kN. Vier Finnen stabilisierten die Rakete während des Fluges durch die Troposphäre. Die Startmasse einer Cora lag bei 16,5 t. Davon entfielen 12 t auf die Stufe selbst und 4,5 t auf den Ballast (als Simulation einer Astris) und die Verkleidung.

Nord Aviation arbeitete daran, die Leistung der Coralie zu verbessern:

- Einsparung der separaten Tanks für den Treibstoff des Gasgenerators und Nutzung des Treibstoffs aus dem Haupttank. Ergebnis: Gewichtsersparnis und Verkürzung der Zellenlänge.

- Wechsel von UDMH auf Aerozin-50 und damit Steigerung der mittleren Dichte des Verbrennungsträgers von 0,8 auf 0,9. Ergebnis: Erhöhung des spezifischen Impulses um 30 m/s und Verkürzung des Tanks oder eine um rund 400 kg höhere Treibstoffzuladung. Damit hätten auch die zweite und dritte Stufe denselben Treibstoff verwendet, was die Vorbereitung zum Start vereinfacht hätte.

- Wechsel auf einen höher belastbaren Stahl (Vasomax 300CVM). Ergebnis: 100 kg Gewichtsersparnis.

Da jede dieser Maßnahmen die Einsatzreife der Stufe um mindestens 1 Jahr verschoben hätte, unterblieben aber diese Änderungen, denn die Erprobung der Coralie hinkte schon zu diesem Zeitpunkt dem Zeitplan hinterher.

| Coralie | |
|---|---|
| Länge: | 5,50 m<br>+ 1,75 m Stufenadapter zur Blue Streak<br>+ 1,24 m Stufenadapter zur Astris |
| Durchmesser: | 2,01 m im zylindrischen Teil, 2,814 m an der Basis |
| Startgewicht: | 11,510 kg |
| Treibstoffe: | Max. 10.000 kg, max. 6.500 kg NTO, max. 3.500 kg UDMH<br>Nominell: 9.850 kg |
| Mischungsverhältnis: | 2,0 zu 1 (NTO zu UDMH) |
| Trockengewicht: | 1.750 kg, mit Stufenadaptern: 2.144 kg |
| Triebwerke: | 4 × 71 kN Vexin A |
| Brenndauer: | 96,5 s |
| Spezifischer impuls (Vakuum): | 2.717 m/s |
| Brennkammerdruck: | 13,8 bar |
| Tankdruck: | 18,4 bar |

# Die Astris

Rückblickend gesehen profitierte Deutschland von der Europa-I und -II wahrscheinlich am meisten. Anders als Frankreich und England gab es in Deutschland seit dem Zweiten Weltkrieg keine Raketenentwicklung. Man musste praktisch von Null beginnen. Die Astris wurde von wenigen „alten Hasen", die schon bei der A4 tätig waren, vor allem aber von vielen jungen Ingenieuren entwickelt.

Das Design der Astris wandelte sich gravierend von den ersten Entwürfen im Februar 1961 bis zum umgesetzten Entwurf im Januar 1965. Anfangs ging ASAT noch von drei gleich großen Triebwerken aus. Im Dezember 1961 wurde dann der Entwurf mit einem Zentraltriebwerk und zwei Verniertriebwerken ausgewählt. Danach wurde überlegt, wie das Leergewicht gesenkt werden könnte. Man kam schließlich auf die Idee, die Stufe in drei Teile aufzuteilen, die im Flug getrennt werden konnten. Der Durchmesser stieg dabei von 1,80 m auf 2,01 m an – auf denselben Wert wie bei der Coralie. Die Länge stieg von 1,40 auf 3,81 m. Das Gesamtgewicht erhöhte sich von 1.496 kg auf 3.578 kg (1,360 / 3,378 kg ohne Unter- und Mittelteil, die als Stufenadapter anzusehen sind). Der Schub musste von 19,6 auf 22,5 kN erhöht werden.

Die Astris war der modernste Part der drei Stufen. Sie wurde vorwiegend aus Titan in Leichtbauweise gefertigt. Wichtige vorgegebene Parameter waren, dass die Höhe 3,815 m, der Durchmesser 2,00 m und das reine Strukturgewicht der Zelle 194 kg nicht überschreiten durften. Da die Außenhaut eine Minute lang Temperaturen von über

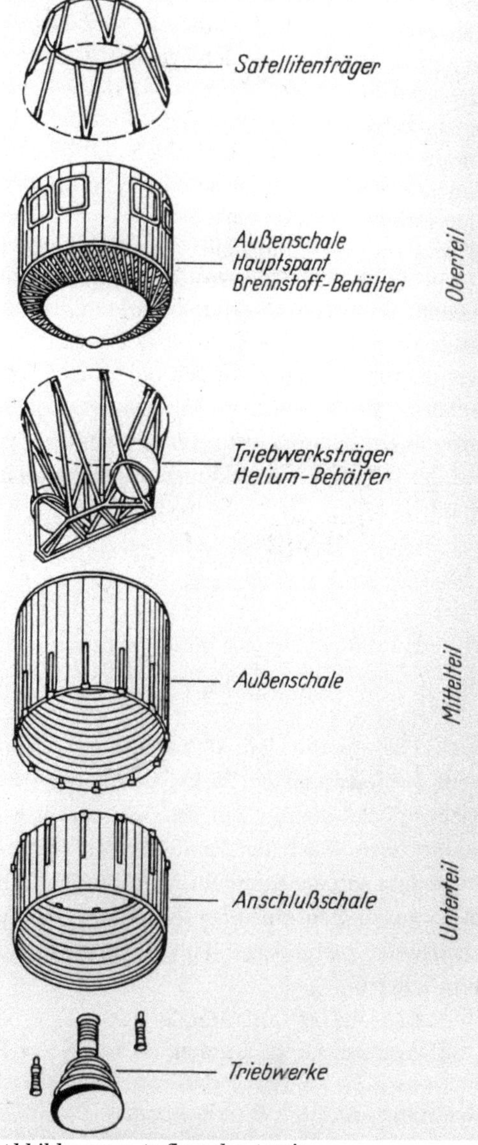



*Abbildung 13: Aufbau der Astris*

300 Grad Celsius ohne strukturelle Einbußen überstehen musste, kam Aluminium als Werkstoff nicht in Frage. Wegen des niedrigen Schmelzpunktes von 660 Grad Celsius wäre Aluminium bei 300 Grad Celsius schon zu weich geworden.

Das Design hatte folgende grundlegende Elemente:

- Es gab keinen Stufenadapter. Die Struktur bestand stattdessen aus drei Teilen: einem Unterteil, welches dauerhaft mit der Coralie verbunden blieb und als Ersatz für einen Stufenadapter fungierte, einem Mittelteil, welches nach der Zündung abgetrennt wurde und dem Oberteil mit dem eigentlichen Antrieb.

- Es wurden ein Zentraltriebwerk und zwei Vernier-Triebwerke eingesetzt. Diese Lösung erlaubte, es den Treibstoff optimal auszunutzen und auch Wiederzündungen des Triebwerks und längere Freiflugphasen zu ermöglichen. Triebwerke für eine separate Rollachsensteuerung waren so nicht nötig.

- Eingesetzt wurden wie bei der Coralie lagerfähige Treibstoffe. Die Förderung erfolgte durch Druckgas. Die Nutzung von Wasserstoff und Sauerstoff wurde erwogen. Diese leistungsfähigere Lösung wurde allerdings wegen der höheren Entwicklungskosten und der zur Verfügung stehenden Zeit wieder verworfen.

Die Stufe bestand aus drei Bestandteilen:

- Das **Unterteil** blieb fest mit der Coralie verbunden und wurde mit dieser fest vernietet. Der obere Teil bildete einen hohlen Ringspant.

- Das **Mittelteil** umgab die Düse des Triebwerks. Es war mit dem Unterteil durch zwölf Sprengbolzen verbunden und endete in jeweils zwei verstärkten Ringspanten. Die Verbindung zum Oberteil erfolgte über dem Triebwerk am oberen Teil des Schubgerüstes. Am oberen Bereich waren Sprengschnüre eingelassen. Nach der Zündung des Haupttriebwerks wurde auch dieses Teil abgeworfen, sodass von der Stufe nur noch das Oberteil übrig blieb. Mittelteil und Unterteil bildeten so zusammen einen Stufenadapter, der in zwei Teilen abgesprengt wurde. Diese Vorgehensweise verhinderte, dass die lange Triebwerksdüse beim Abtrennen mit dem Adapter kollidierte.

- Das **Oberteil** enthielt die eigentliche Stufe: das Triebwerk, die Treibstofftanks, die Elektronik und das Druckgas. Das Oberteil endete zum Satelliten hin in einem massiven Anschlussring zur Anbringung des Satellitenadapters (mit 123 Schraubnieten) und in einem besonders dicken Ringspant bei der Verbindung zum Mittelteil, an dem die Tankaufhängung angebracht wurde. Es gab an der Außenseite acht große, quadratische, Öffnungen für den Zugang zu Triebwerk, Tank und Elektronik.

Der Aufbau der Außenhülle war in allen drei Teilen identisch. Auf einem zylindrischen Glattblech befand sich ein punktverschweißtes Wellblech mit den Wellen in Längsrichtung. Dieses Wellblech wurde im Elektronenschweißverfahren mit dem Glattblech verbunden. Der Abstand der einzelnen Schweißpunkte betrug nur wenige Millimeter.

Innen gab es im Abstand von 10 cm Ringspanten, also hohle Ringe in der Querrichtung. Durch Spanten und Wellblech wurde die Struktur in beiden Achsen versteift. Die Tragfähigkeit betrug 1.200 N/cm Axialkraft und 200 N/cm Schubkraft. Oben und unten wurde diese Verschalung durch zwei Montageringe abgeschlossen, welche die Last und die auftretenden Kräfte auf die Stufe verteilten.

Das Oberteil bestand aus einer Titanlegierung mit 13% Vanadium, 11% Chrom und 3% Aluminium. Titan wurde gewählt, weil es leichter als Stahl ist. Für das Unter- und das Mittelteil, die beide abgeworfen wurden, war eine Leichtbauweise nicht nötig. So wurde für diese Teile gewöhnlicher korrosionsbeständiger Edelstahl mit 18% Chrom und 8% Nickel gewählt. Ab dem ersten Fluggerät für F7 war das Wellblech 0,2 mm, das Glattblech und das Ringspantblech je 0,15 mm dick.

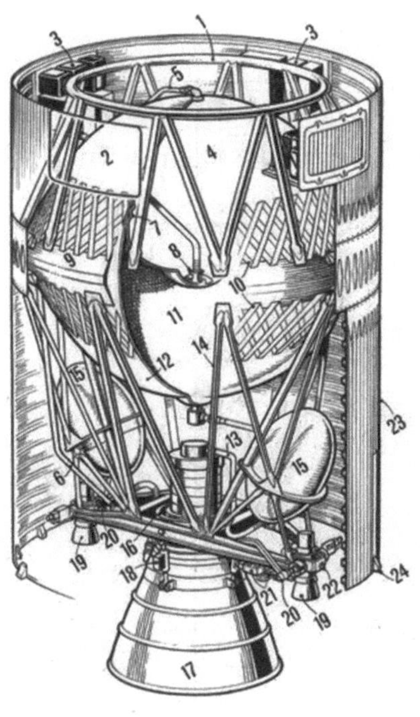

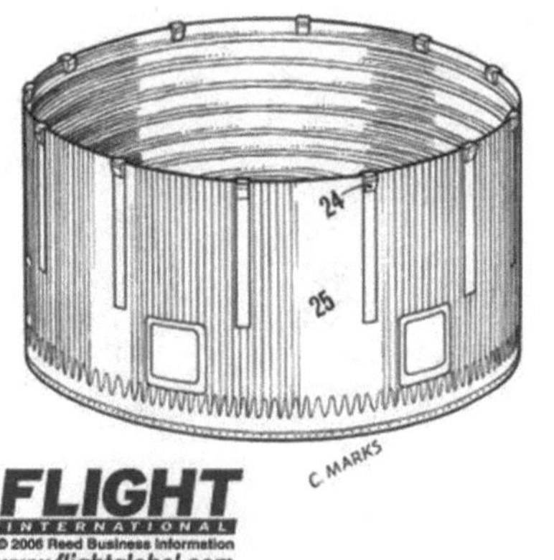



*Abbildung 14: Querschnitt durch eine Astris*
*(c) der Grafik: Flightglobal.com*

Der kugelförmige Treibstofftank bestand aus einem 1,27 mm dünnem Titanblech. Er hatte einen Durchmesser von 1,72 m. Der Tank wurde im Elektronenstrahl-Schweißverfahren verbunden. Auf der Astris gab es 350.000 Schweißpunkte, die mit einer Genauigkeit von 0,025 mm platziert werden mussten.

Die zwölf Einzelteile des Tanks wurden im Explosionsverformungs-Verfahren hergestellt. Beide Verfahren mussten erst entwickelt und erprobt werden und waren nicht nur für Deutschland technisches Neuland. Verschweißt wurden die Bleche in einer 2,6 m hohen und 5,6 m langen Vakuumkammer. Der Tank bestand aus zwei kugelförmigen Tanks, die ineinander geschachtelt waren. Jeder Kugeltank wurde durch einen halbkugelförmigen „Sumpf" abgeschlossen, in dem der Treibstoff gesammelt wurde. An diesem Sumpf befanden sich die Leitungen zum Triebwerk. Durch den Sumpf konnte die Astris die Tanks auch leeren, wenn die Stufe geneigt war.

In beide Teile wurden Schwappkäfige eingebaut, um die Schwingungen des Treibstoffes durch den POGO-Effekt zu verringern. Der Einsatz von Schwappkäfigen (16 Bleche im NTO-

*Abbildung 15: Das Oberteil der Astris des Lehrstuhls für Luft und Raumfahrttechnik in der Uni Stuttgart. Deutlich ist die Tankaufhängung aus 192 Titanblechen zu erkennen. Die Steuertriebwerke fehlen.*

54

Tank und 11 im Aerozin Tank) war bei einer Druckgas-geförderten Stufe ungewöhnlich, da druckgeförderte Antriebe normalerweise weniger anfällig gegenüber diesem Phänomen sind.

Die Treibstoffkombination bestand aus dem Verbrennungsträger „Aerozin 50" (ein Gemisch aus 50% UDMH und 50% Hydrazin) und Stickstofftetroxid als Oxidator.

Fixiert wurde der Tank durch ein Spannband aus Titan. Der Tank wurde an diesem Spannband mit 192 sich kreuzenden Titanblech-Bändern von 30 mm Breite und 0,1 mm Stärke am unteren Ringspant des Oberteils befestigt. Der Tankdruck zur Treibstoffförderung wurde durch eine Druckbeaufschlagung mit Helium erreicht. Zwei Heliumdruckgasflaschen aus Fiberglas waren dazu am Schubgerüst befestigt. Zwei Druckminderer reduzierten den Druck aus den Heliumflaschen erst von 290 auf 55 bar, dann auf 19 bar.

Die Stufe arbeitete mit einem um sechs Grad schwenkbaren Haupttriebwerk. Durch Erhöhung des Brennkammerdrucks hätte der Schub bis auf 35 kN erhöht werden können. Das Triebwerk saß in einem Schubgerüst aus acht Haupt- und vier Diagonalröhren aus Aluminium. Ein weiteres Gerüst diente zur Aufnahme der Steuertriebwerke und der Steckerverbindungen. Die Verbindung zum Satelliten bestand aus acht Aluminiumröhren von je 50 mm Durchmesser und 1 mm Wandstärke. Auf diesem befand sich eine Platte, welche mit dem Oberteil durch ein Z-Profil verbunden war.

Die zwei Verniertriebwerke waren um 80 Grad in der Gier- und 40 Grad in der Nickachse schwenkbar. Dadurch konnte die räumliche Lage in allen drei Raumrichtungen kontrolliert werden. Die Astris wäre für den Einschuss in exzentrische Erdbahnen oder hohe Kreisbahnen auch wieder zündbar gewesen. Dabei hätte die Stufe mit den Verniertriebwerken zuerst eine geringe Beschleunigung erzielt, um die Treibstoffe an den Tankböden zu sammeln und dann das Haupttriebwerk gezündet.

Ursprünglich waren die Verniertriebwerke mit 500 N Schub geplant, doch die Probleme beim Kühlen so kleiner Triebwerke (an der Grenze, wo eine aktive Kühlung nötig ist) ließen sich in der zur Verfügung stehenden Zeit nicht lösen. So musste der Schub auf 400 N (von der ELDO vorgeschlagen waren auch 300 N) beschränkt werden.

Diese aufwendige Konstruktion mit zwei Steuertriebwerken – alternativ hätte auch ein Haupttriebwerk und eine Rollachsensteuerung mit Druckgas ausgereicht – wurde aus mehreren Gründen verwendet. Zum einen war es damit möglich, das Haupttriebwerk abzuschalten, kurz bevor der Treibstoff zu Ende ist und diesen Rest dann mit den kleineren Verniertriebwerken nahezu komplett zu verbrauchen. Zudem war es so einfacher, das Haupttriebwerk erneut zu zünden. Dazu konnte die kleine Treibstoffmenge, welche die Steuertriebwerke zum Start brauchten, am „Sumpf" der Tanks gebunden werden und diese sanft starten. Der Schub der Verniertriebwerke bewirkte eine Beschleunigung von 1 m/s. Das reichte aus, um den Treibstoff am Tankboden zu sammeln und damit das Haupttriebwerk erneut zu zünden. Die Verniertriebwerke waren für eine Betriebsdauer von eineinhalb Stunden ausgelegt, während das Haupttriebwerk nur sechs Minuten lang arbeiten musste.

Das Haupttriebwerk hatte mit 1000:1 ein sehr hohes Expansionsverhältnis. Bis zu einem Verhältnis von 90:1 wurde die Düse durch das Aerozin-50 gekühlt, danach entfiel die Kühlung der Düse.

| Astris | |
|---|---|
| Länge: | 3,81 m |
| Durchmesser: | 2,01 m |
| Startgewicht: | 3.578 kg (mit Adapter), 3.378 kg (ohne Adapter) |
| Trockengewicht: | 728 kg (nach der Zündung auf 528 kg sinkend) |
| Treibstoffe: | 2.850 kg |
| Oberteil: | 528 kg schwer, 1,23 m lang |
| Zelle: | 194 kg |
| Haupttriebwerk | 68 kg |
| Mittelteil: | 116 kg schwer, 1,61 m lang |
| Unterteil: | 84 kg schwer, 1,07 m lang |
| Tank | 1,72 m Durchmesser, 2.665 m³ Volumen |
| Tankdruck: | 19,5/3,5 bar Aerozin (Lagerung/Betrieb)<br>18,5/2,5 bar Stickstofftetroxid (Lagerung/Betrieb) |
| Mischungsverhältnis: | 1,5 zu 1 Haupttriebwerk<br>2,0 zu 1 Steuertriebwerke |
| Triebwerke | 22,56 + 2 × 0,4 kN |
| Brennkammerdruck: | 9 bar |
| Expansionsverhältnis: | 1000: 1 |
| Spezifischer Impuls: | 2.864 m/s (Haupttriebwerk) 2.786 m/s (Verniertriebwerke) |
| Brenndauer: | 368 s Haupttriebwerk, 391 s Verniertriebwerke |

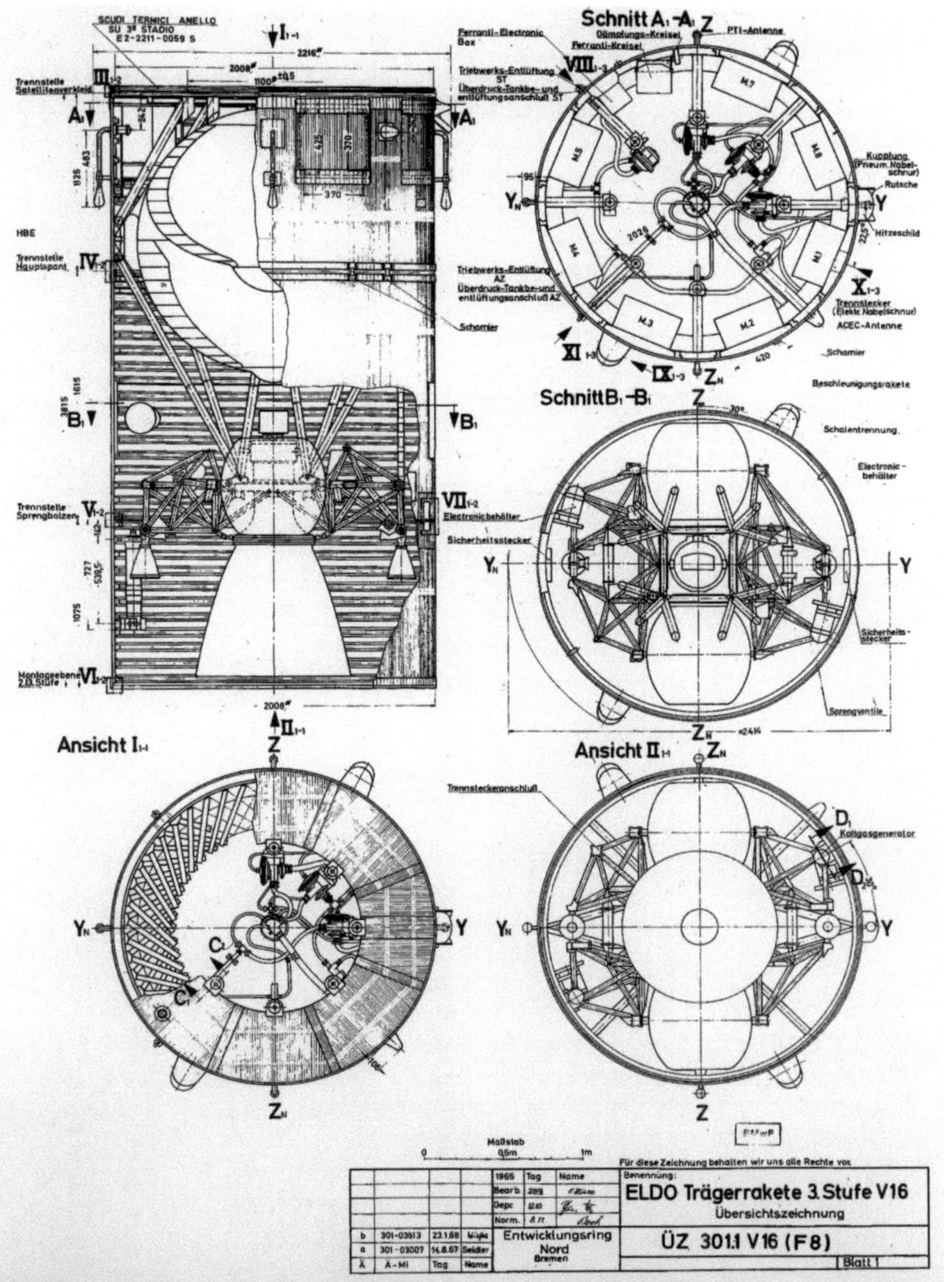

*Abbildung 16: Aufbau der Europa, Längsschnitt und Querschnitt durch drei Ebenen*

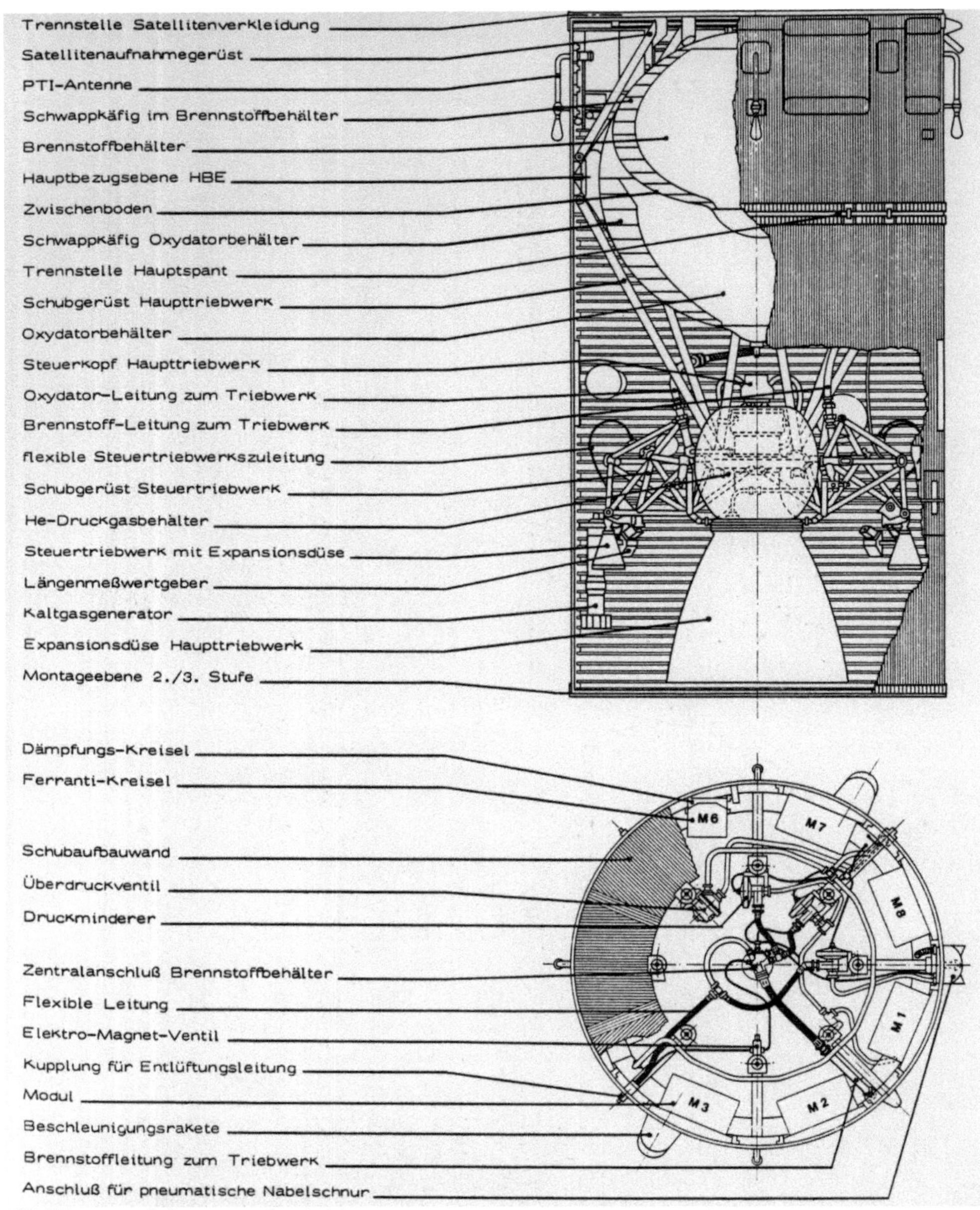


*Abbildung 17: Subsysteme der Astris*

# Entwicklungsgeschichte

Die Astris wurde von der Arbeitsgemeinschaft Satellitenträger (ASAT) gefertigt. Diese umfasste die Firmen Bölkow Entwicklungen KG und den Entwicklungsring Nord (ERNO) zu jeweils 50%. ERNO wiederum bestand aus der Hamburger Flugzeugbau (HFB) und der Vereinigung Flugtechnischer Werke (VFW). Ab 1965 war ERBNO eine eigenständige Firma. ASAT war mehr eine Zweckgemeinschaft, als ein einziger Hauptauftragnehmer. Die Ursache für die Aufteilung des Auftrags war, dass beide Konsortien gute Vorschläge vorgelegt hatten und das BMWF im November 1962 entschieden hatte, beide Entwürfe zu vereinigen.

Im Februar 1963 wurde ASAT gegründet. Das Verhältnis der ASAT zu ERNO und Bölkow war jedoch das gleiche wie das der ELDO zu den Subkontraktoren der Europa-I. Die gewünschte koordinierende und weisungsgebende Funktion konnte die ASAT niemals wahrnehmen. Ansprechpartner für die ELDO war das Bundesministerium für Wissenschaft und Forschung und nicht ASAT.

Bölkow war vorwiegend für die Steuerung, das Referenzsystem, den Autopiloten, die Telemetrieeinheiten und die Triebwerkssteuerung verantwortlich. Bölkow führte auch die Vakuumtests durch und nahm die Stufe ab. ERNO fertigte die Struktur, die Tanks sowie die Triebwerke und integrierte die Stufe bis auf die Steuerung.

Es gab ausgiebige Versuche bis hin zu Bruchtests, um zu ermitteln, wo bei der Struktur noch Gewicht einspart werden konnte. Bis zur letzten Version der Stufe wurde die Wandstärke immer wieder geändert, wobei es aber ab dem Fluggerät für Start F7 nur noch wenige Änderungen gab. Beim Versuchsgerät V-5 ergab der Zellenbelastungsversuch, dass die Zelle die 1,56-fache Normalbelastung aushalten konnte. Bei einem Wärmebruchversuch hielt die Stufe die 1,29-fache Auslegungslast aus. Bei unbemannten Raketen liegt der Sicherheitsfaktor bei NASA-Anforderungen bei 1,25. In beiden Fällen erfolgte der Bruch 400 mm oberhalb des Verbindungsteils zum Mittelteil.

Das 400-N Triebwerk war schon in einem Bereich angesiedelt, wo es aktiv gekühlt werden musste. Dafür wurden drei Verfahren eingesetzt: Die Brennkammer wurde filmgekühlt, der Düsenhals regenerativ gekühlt und die Düse strahlungsgekühlt.

Die Verniertriebwerke hatten neben der Rollachsenregelung auch eine wichtige Funktion bei der Zündung und dem Brennschluss. Sie wurden zehn Sekunden vor dem Haupttriebwerk gezündet, stabilisierten die Stufe und sammelten den Treibstoff am Boden der Tanks. Auch nach dem Brennschluss des Haupttriebwerks liefen sie noch fünf Sekunden weiter. So konnte sich durch den Brennschluss die räumliche Lage der Stufe nicht ändern.

Das Steuertriebwerk wurde weitaus intensiver getestet als das Haupttriebwerk. Der erste Test fand im Herbst 1964 statt. Bis zum 1.3.1967 gab es 1.988 Bodenversuche mit einer Brenndauer von insgesamt 247.850 Sekunden, 255 Höhensimulationen mit einer Gesamtdauer von 56.010 Sekunden und 12 Hochvakuum-Zündversuche mit einer Brenndauer von 150 Sekunden.

Die Entwicklung des Haupttriebwerks erfolgte in mehreren Schritten. Zuerst wurde ein Triebwerk mit 10 kN Schub entwickelt, welches die Treibstoffe Tonka 250 und Salpetersäure verbrannte. Tonka 250 war ein schon im Dritten Reich verwendeter Treibstoff aus 57% 2,4-Dimethylanilin und 43% Triethylamin. Dieses Triebwerk wurde am 3.3.1963 zum ersten Mal getestet. Es folgte das Triebwerk mit dem vollen Schub von 22,5 kN, aber Wasserkühlung der Brennkammer und UDMH und Salpetersäure als Treibstoff. Schließlich wurde auf Aerozin-50 und NTO umgestellt und die Brennkammer mit dem Aerozin gekühlt.

Bis Ende 1963 gab es auch eine Dummy-Oberstufe für Belastungstests. Die ersten Versuche fanden im neu entwickelten Versuchsstand in Trauen, in der Lüneburger Heide, statt. Es gab insgesamt 25 Tests in Trauen, und der Prüfstand dort wurde bis 1966 verwendet.

Abgelöst wurde Trauen ab dem April 1965 durch den neu errichteten Teststand bei Lampoldshausen. Hier wurde auch eine Höhenforschungskammer gebaut, in der die Zündung im Vakuum erprobt werden konnte. Diese war die größte und modernste Anlage außerhalb der USA. Sie konnte die Bedingungen in 220 km Höhe bei einem Druck von $10^{-6}$ Torr simulieren. Die Kammer hatte einen Durchmesser von 4 m und eine Höhe von 7 m. Bis heute ist Lampoldshausen ein wichtiges Testgelände. Hier erfolgt gegenwärtig die Erprobung des Vinci Triebwerks der ESC-B-Oberstufe für die Ariane 5.

Am 9.12.1964 erfolgte der erste Test eines Triebwerks mit Regenerativkühlung, welches Aerozin und Stickstofftetroxid verbrannte. Probleme gab es bei der Entwicklung des Antriebs mit dem Strömungsabriß ab einem Expansionsverhältnis von 90:1 und mit der Kühlung des Einspritzkopfes. Eine Querbewegung der Einspritzgase führte in kürzester Zeit zu einer Beschädigung von Einspritzkopf und Querwand.

Zahlreiche Versuche, bei denen ERNO das Kühlmittel mit Wasser simulierte, waren nötig, um dieses Problem zu lösen. Dies führte zu einer Aktivitätsspitze im ersten Quartal 1967 mit 140 Versuchen pro Monat.

Am 3.4.1965 fand der erste Test einer provisorischen Oberstufe im Höhenforschungsstand statt. Allerdings war die Stufe zu diesem Zeitpunkt noch nicht fertig, und die Treibstoffe kamen noch aus externen Versorgungsleitungen.

Beim Versuch 13/C am 19.10.1966 brach ein Feuer aus. Die Stufe wurde zerstört, und der Versuchsstand musste renoviert werden. Ein Rückschlagventil hatte bei der Betankung der Stufe versagt, wodurch der Druck in den Tanks so groß wurde, dass der Tankboden barst und die Treibstoffe sich nach Kontakt entzündeten. Innerhalb von zwei Monaten konnte der Prüfstand aber wieder in Betrieb genommen werden, und am 21.12.1966 fand der nächste Versuch 14/C statt.

Es wurde auch geprüft, wie lange die Stufe betankt bleiben konnte. Zuerst lag die Dauer bei zehn, später dann bei 30 Tagen unter 3,5 bar Druck im Brennstofftank und 2,5 bar Druck im Oxidatortank.

Viel umfangreicher waren die Tests in Lampoldshausen auf den Versuchsständen P3 und P4. Hier lief das Erprobungsprogramm bis zum Sommer 1967. Bis zum 1.3.1967 gab es schon 65 Bodenversuche mit einer Brennzeit von 3.125 Sekunden und 76 Höhenversuche mit einer Brennzeit von 8.625 Sekunden. Es wurden insgesamt 22 Astris Stufen gebaut. Von diesen 22 Exemplaren waren aber nur vier Fluggeräte. Jede fertige Stufe wurde in Ottobrunn in einer Hochvakuumanlage auf Leckagen geprüft. Anschließend wurde jede Stufe vor dem Versand in Lampoldshausen einem Brenntest unterzogen.

Der Transport der dritten Stufe nach Woomera erfolgte per Flugzeug und dauerte wegen der Flugstrecke von 24.000 km und den sieben Zwischenlandungen in Ankara, Teheran, Karacho, Rangun, Singa-

*Abbildung 18: Eine Astris wird für den Transport verladen*

pur, Jakarta und Darwin etwa sieben Tage. Dies erwies sich als äußerst kostenintensiv und führte dazu, dass später bei der Ariane alle Bauteile per Schiff nach Kourou gebracht wurden.

Die Astris war auch eine Experimentalstufe, bei der viele neue Technologien ausprobiert wurden. So testete man z. B. drei Kühlungsmethoden bei den kleinen Verniertriebwerken, die Nutzung von sehr schwer zu verarbeitendem Titan als Werkstoff zur Gewichtsreduzierung und den Einbau von Schwappkäfigen in eine druckgeförderte Stufe. Die Vergabe des Auftrags an zwei Subunternehmer wurde zwar damals kritisiert, hatte aber den Vorteil, dass es zum Ende der Entwicklung zwei Unternehmen in Deutschland gab, die eine Oberstufe entwickeln konnten. Daraus resultierten aber auch Reibungsverluste und Koordinationsprobleme.

Die folgende Vergleichstabelle mit der in Größe und Technik vergleichbaren Oberstufe der Thor-Delta zeigt, dass die Astris in den wesentlichen Performance-Parametern auf der Höhe der damaligen Technologie war.

|  | **Astris** | **Delta B** |
| --- | --- | --- |
| Startgewicht: | 3.378 kg | 2.693 kg |
| Leergewicht: | 528 kg | 545 kg |
| Spezifischer Impuls: | 2.864 m/s | 2.727 m/s |
| Schub: | 22,96 kN + 2 × 0,4 kN | 33,8 kN |
| Länge: | 3,81 m | 6,00 m |
| Durchmesser: | 2,01 m | 0,80 m |
| Expansionsverhältnis: | 1000:1 | 40:1 |
| Brennkammerdruck: | 9 bar | 7 bar |

# Bordcomputer, Satellit und Bahnverfolgung

Oberhalb der Astris befand sich der Instrumentenring mit acht Buchten. Dreieinhalb Buchten nahmen Batterien, Messwertaufnehmer und Autopiloten (Bölkow) auf. Der Autopilot steuerte die Rakete nach einem vorgegebenen Profil, das aber vom Boden aus aktualisiert werden konnte. In je einer Instrumentenbucht befanden sich die Telemetrieeinheit (Phillips, Holland), die Programmeinheit (van der Heem, Holland), der Transponder (ACEC Charleroi, Belgien) sowie der Bahnverfolgungssender (Ferranti, England). Im letzten halben Segment waren die Selbstzerstörungseinheit und die Gyroskope (Bölkow) untergebracht. Die Instrumenteneinheit als eigenes Subsystem, wurde bei allen folgenden Trägern beibehalten. Bei den meisten Trägern ist die Instrumentierung und Lenkung in die Oberstufe integriert, doch auch die Saturn Trägerraketen hatten eine eigene Einheit nur mit der elektronischen Ausrüstung. Die Konzeption als eigenes System vereinfacht es, diese Einheit einem eigenen Auftragnehmer als Aufgabe zuzuteilen.

Die Europa-I war mit einer Radiolenkung ausgestattet. Dabei folgte die Rakete Funkleitstrahlen oder Kommandos, die von Bodenstationen ausgesandt wurden. Die Europa-I wurde von Radarstationen verfolgt und diese bestimmten die Bahn und Geschwindigkeit. Per Funk konnte bei Erreichen der Zielgeschwindigkeit der Brennschluss der Astris veranlasst werden. Eine autonome Steuerung konnte in dem Entwicklungszeitraum für die Europa-I nicht entwickelt werden.

Die Telemetriesender der Europa-I stammten von Phillips. Gesendet wurde auf 256 Messkanälen in binärer Form. Auf 96 dieser Messkanäle wurden je 20 Messwerte pro Sekunde überragen. Die anderen Kanäle übertrugen 5 oder 1,25 Messungen pro Sekunde. Die analogen Daten wurden in 7 Bit Digitalzahlen konvertiert, mit einem Paritätsbit und Rahmensynchronisationszahlen versehen. Daraus ergab sich eine Datenrate von 20 kbit/s. Gesendet wurde bei 136-137 MHz mit einem 5-Watt-Sender. Das System war für einen Empfangspegel von 20 dB über dem Hintergrund ausgelegt.

Die in Italien entwickelten Testsatelliten hatten die Aufgabe, die Umgebungsbedingungen für spätere Satelliten zu erforschen, Testverfahren für die Abtrennung von der Drittstufe zu erproben, sowie allgemein das Personal in der Operation und Flugführung zu schulen. Für Italien bedeutete die Konstruktion der 214 kg bis 270 kg schweren Testsatelliten eine große Herausforderung, vergleichbar mit derjenigen für Deutschland bei der Konstruktion der Drittstufe.

Die Aufgaben und die Komplexität der STV-Testsatelliten wurden vor allem aus finanziellen Gründen mehrmals reduziert. Anfangs plante die ELDO noch Satelliten von 500 – 600 kg

*Abbildung 19: Die Nutzlastverkleidung der Europa-I*

Startgewicht mit einer langen Betriebszeit. Da die Entwicklung der Europa immer teurer wurde, wurden nur Satelliten mit reinem Batteriebetrieb eingesetzt, deren einzige Aufgabe die Erprobung der Rakete war. Sie sollten Daten über die Umgebung der Nutzlast sammeln, das heißt, welchen Belastungen durch Vibrationen, Beschleunigung oder Temperaturen der Satellit ausgesetzt ist.

Italien entwickelte auch die Nutzlastverkleidung. Sie hatte eine Länge von 4,0 m, dabei stand für den Satelliten ein zylindrischer Raum von 2,50 m Länge zur Verfügung. Die Spitze mit einer abgerundeten Nase lief im 60-Grad-Winkel zusammen. Der Durchmesser betrug 2,01 m, wobei die Nutzlast mindestens einen Abstand von 20 cm zur Hülle aufweisen musste. Die Nutzlasthülle von Fiat Aviazione wog 345 kg und bestand aus einer 2 cm dicken Aluminium-Sandwich Struktur mit einer Aluminiumhaut. Die beiden Hälften der Nutzlasthülle wurden durch Sprengbolzen sowohl voneinander getrennt, als auch von der Drittstufe weggedrückt. Die Verkleidung wurde 222 s nach dem Start abgetrennt, das war kurz nach der halben Brennzeit der Coralie.

Belgien baute die Bodenstationen zur Bahnverfolgung. Es gab in Australien zwei Stationen. Eine befand sich bei Woomera, die andere Station 2.000 km nördlich in Nordaustralien. Zusammen reichten sie aus, die komplette Aufstiegsbahn bis zum Brennschluss zur verfolgen. Jede Station verfügte über sechs Parabolantennen mit 4,20 m Durchmesser. Sie empfingen die Telemetrie der Europa-I, sandten aber auch ein Bahnverfolgungssignal bei 1.428 MHz mit 10 kW Leistung zur Rakete. Diese verstärkte es und sandte es bei 1.525 bis 1.540 MHz mit einer Sendeleistung von 0,2 Watt zurück. Aus der gemessenen Dopplerverschiebung wurde die Geschwindigkeit ermittelt. Die Komponenten der Geschwindigkeit in jeder Raumrichtung wurden mittels interferometrischer Messungen durch mehrere Antennen bestimmt. Die gemessene Laufzeit ergab die Distanz zu der Bodenstation. Damit war die Aufstiegsbahn bekannt.

# Das Startgelände in Woomera

Australien nahm am ELDO-Programm teil, indem es das Startgelände in Woomera bereitstellte. Woomera liegt im Süden Australiens auf 30°55' südlicher Breite und 136°30' östlicher Länge. Das Raketenzentrum wurde nach der 55 km entfernten Stadt Woomera benannt. Die nächste größere Stadt Roxy Down liegt 83 km nördlich. Das gesamte Equipment wurde vom 170 km südlich gelegenen Seehafen Port Augusta per LKW nach Woomera gebracht.

Die Infrastruktur in Woomera war seit 1955 aufgebaut worden, und hier waren bereits die Blue Streak und Black Knight getestet worden. Danach wurde der Startkomplex 6 für die Europa-I umgerüstet. Das Startgelände lag in einem ausgetrockneten Salzsee. Es gab ein 30 km von der Startrampe entferntes Kontrollzentrum und eine 6 km von der Rampe entfernte Werkhalle mit einer Grundfläche von 20 × 52 m. Hier wurde die Europa-I montiert. Die Arbeiten an den Startrampen gestalteten sich recht einfach. Sie wurden in die Steilküste hinein gebaut, sodass eine Grube für den Flammenablenkschacht entfallen konnte. Das Brauchwasser für die Kühlung wurde aus einem nahe gelegenen See gepumpt.

Gebaut wurden zwei Pads (Startrampen) mit den Bezeichnungen 6A und 6B. Ein Betrieb mit mehreren Satellitenstarts pro Jahr hätte beide Pads erfordert. Da aber schon während der Entwicklung abzusehen war, dass es dazu nie kommen würde, wurden die Arbeiten an Pad 6B abgebrochen. Der Hitzeschutz aus Keramikkacheln am Flammenschacht wurde z. B. nur zur Hälfte fertiggestellt.

Der Montageturm hatte eine Grundfläche von 18 × 13 m und eine Höhe von 33 m. Den Zugang zur Rakete erlaubten zehn in der Höhe verstellbare Bühnen. Die Stufen wurden mit einem Kran auf der zehnten Bühne aufgerichtet, aufeinander gesetzt und dann verschraubt. Vor dem Start wurde der Montageturm auf Schienen 100 m zurückgefahren.

Heute sind beide Pads durch Übungen militärischer Sondereinheiten zerstört. Mit dem Ende der ELDO-Aktivitäten sank die Einwohnerzahl des Testgeländes von 6.000 auf zeitweise nur noch 200 Personen. Seit Anfang der neunziger Jahre ist sie wieder auf rund 1.000 angestiegen, vor allem durch Touristen, welche die Überreste geborgener Raketen und die Pads besichtigen.

*Abbildung 20: Die Startrampe in Woomera heute – aufgenommen von einem Ikonos Erd-
beobachtungssatelliten. © des Bildes: Google Earth*

*Abbildung 21: - und Ende der 6- er Jahre des letzten Jahrhunderts: Eine Europa wartet auf dem
Launchpad 6A in Woomera auf ihren Start © des Fotos: DLR*

# Startprofil

Vor jedem Start erfolgte ein statischer Test der Blue Streak. Dabei wurden die Treibwerke gezündet, bis sich nach sieben Sekunden der volle Schub aufgebaut hatte, danach wurden sie wieder abgeschaltet.

Nach dem Start schlug die erste Stufe 860 km vom Startplatz entfernt im australischen Kernland auf. Die Coralie fiel zwischen Neu-Guinea und der Marianen-Inselgruppe 2.720 km vom Startplatz entfernt, ins Meer. Die dritte Stufe erreichte einen Orbit. Besondere Vorkehrungen zur Passivierung oder Deorbitierung der letzten Stufe gab es zu dieser Zeit noch nicht.

Die Europa-I konnte einen niedrigen Erdorbit mit nur einer einzigen, ununterbrochenen Brennphase der dritten Stufe erreichen. Die Astris war zwar durch die Steuertriebwerke auf längere Freiflugphasen ohne Betrieb des Haupttriebwerkes ausgelegt, doch die Radiolenkung vom Boden aus ließ dieses Flugregime nicht zu. Dies war auch ein Grund für den Einbau einer autonomen Steuerung in die Europa-II, weil dadurch Zwei-Impuls-Transfers (Hohmann-Übergänge) möglich wurden und somit die Nutzlast für Bahnen oberhalb 555 km Höhe anstieg.

Die folgende Tabelle gibt die Abfolge bei Flug F9 wieder:

| Zeit | Ereignis |
| --- | --- |
| - 7,0 s | Zündung |
| + 0,7 s | Abheben |
| + 20 s | Beginn Neigeprogramm |
| + 157 s | Brennschluss Blue Streak v=3.000 m/s in 60 km Höhe |
| + 162,5 s | Zündung Coralie |
| + 222,7 s | Abtrennung Nutzlastverkleidung |
| + 265,1 s | Brennschluss Coralie |
| + 265,3 s | Zündung Beschleunigungstriebwerke Astris |
| + 266,6 s | Abtrennung Unterteil Astris |
| + 266,7 s | Zündung Steuertriebwerke Astris |
| + 268 s | Zündung Haupttriebwerk Astris |
| + 620,7 s | Brennschluss Haupttriebwerk |
| + 631,8 s | Brennschluss Steuertriebwerke |

# Typenblatt Europa-I

| | |
|---|---|
| Länge: | 31,67 m |
| maximaler Durchmesser: | 3,69 m |
| Startgewicht: | 104.530 kg |
| Einsatzzeitraum: | 1964 – 1970 |
| Starts: | 10 |
| Fehlstarts: | 5 |
| Zuverlässigkeit: | 50% |
| Nutzlast: | 1.200 kg (in einen 200 km hohen polaren Orbit von Woomera)<br>1.150 kg (in einen 550 km hohen äquatorialen Orbit von Kourou aus)<br>850 kg (in einen 550 km hohen polaren Orbit von Woomera aus) |

## Stufe 1 Blue Streak

| | |
|---|---|
| Länge: | 18,37 m |
| Durchmesser: | 3,05 m (3,69 m mit Triebwerksverkleidung) |
| Startgewicht: | 89.400 kg |
| Leergewicht: | 6.400 kg |
| Triebwerk: | 2 Triebwerke RZ2 |
| Schub: | 2 × 575 kN (Meereshöhe), 2 × 667 kN (Vakuum) |
| Brenndauer: | 153 – 157s |
| Treibstoff: | LOX / Kerosin |
| Spezifischer Impuls: | 2.438 m/s (Meereshöhe), 2.790 m/s (Vakuum) |

## Stufe 2 Coralie

| | |
|---|---|
| Länge: | 5,49 m |
| Durchmesser: | 2,01 m |
| Startgewicht: | 11.894 kg |
| Trockengewicht: | 2.100 kg |
| Triebwerk: | 1 Triebwerk Vexin-A |
| Schub: | 274,55 kN (Vakuum) |
| Brenndauer: | 96,5 s |
| Treibstoff: | Stickstofftetroxid / UDMH |
| Spezifischer Impuls: | 2.717 m/s (Vakuum) |

## Stufe 3 Astris

| | |
|---|---|
| Länge: | 3,815 m |
| Durchmesser: | 2,01 m |
| Startgewicht: | 3.370 kg |
| Leergewicht: | 528 kg |
| Stufenadapter: | 200 kg (Unterteil:84 kg, Mittelteil 116 kg) |
| Triebwerke: | 1 Triebwerk + 2 Verniertriebwerke |
| Mittlerer Schub: | 22,96 kN + 2 × 0,4 kN |
| Brenndauer: | 356 s |
| Treibstoff: | Stickstofftetroxid / Aerozin-50 |
| Spezifischer Impuls: | 2.864 m/s (Vakuum) |

| Nutzlasthülle | |
| --- | --- |
| Länge: | 4,00 m |
| maximaler Durchmesser: | 2,01 m |
| Gewicht: | 345 kg |

*Abbildung 22: Start der Europa zu F8*

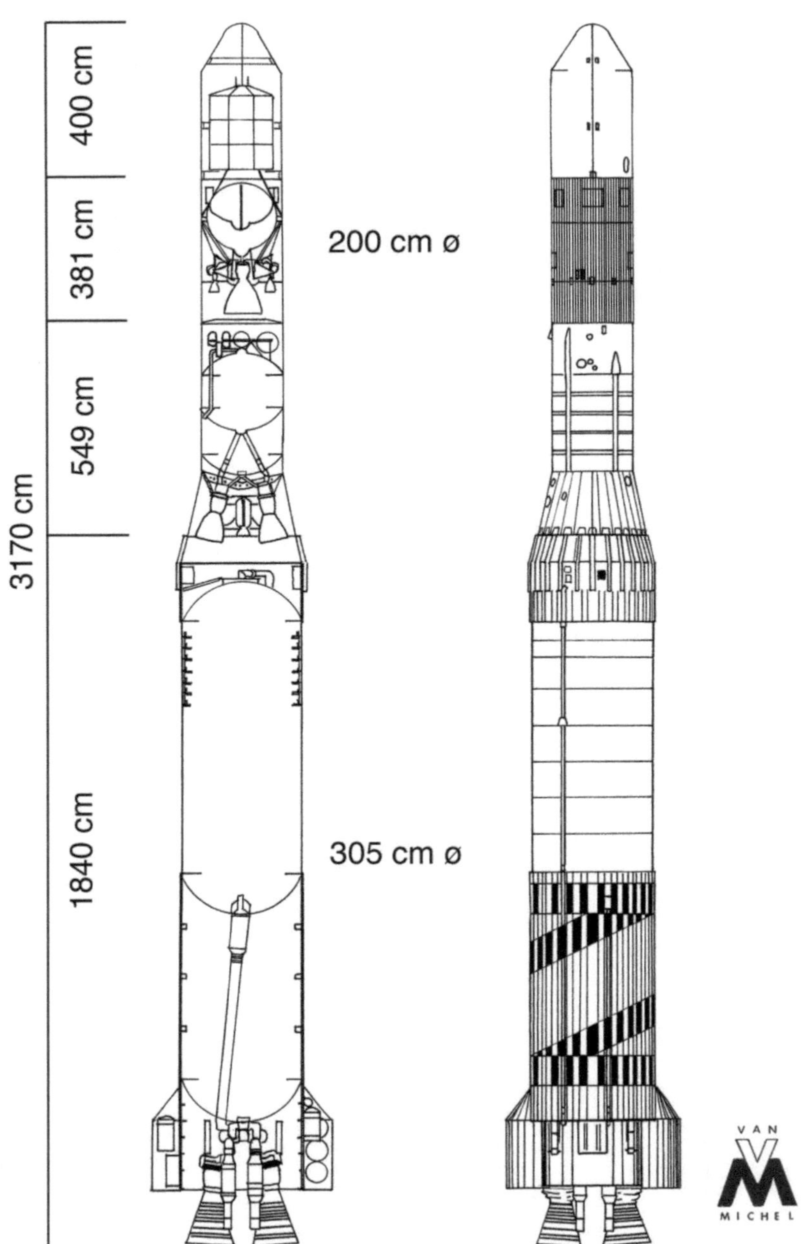


*Abbildung 23: Querschnitt und Außenansicht der Europa-I © der Grafik: Michel Van*

# Europa-II

Schon während der Entwicklung der Europa-I war absehbar, dass diese nie operationell fliegen würde. Zum einen wegen der Verzögerungen im Programm – mindestens zwei Jahre wurden für die Nachbesserungen an der zweiten und dritten Stufe benötigt. Dadurch mussten ESRO-Satelliten von der Europa-I auf die Delta und Scout umgebucht werden. Zum anderen wollte die ESRO Satelliten bauen und keine Raketenstarts kaufen. Für ihre Satelliten war die Europa schlichtweg zu teuer.

Die Pläne für eigene europäische Kommunikationssatelliten führten dazu, dass die ELDO ab 1966 die Europa-I nur noch als Testmodell für die Europa-II betrachtete. Mit dieser Rakete sollten die Kommunikationssatelliten Symphonie 1 und 2, der astronomische Satellit COS-B und der geodätische Satellit GEOS starten.

Ideen für eine Erweiterung der Europa-I um eine oder zwei Stufen gab es schon im Jahr 1964. Formell wurde die zuerst als „ELDO A/S" bezeichnete Rakete im Juli 1966 beschlossen. Ziel war es, eine Nutzlast von 170 kg direkt in den geostationären Orbit zu befördern. Damals ging die ELDO noch davon aus, dass die Satelliten von der Rakete in einem geostationären Orbit ausgesetzt werden sollten. Als Praxis etablierte sich aber ein im Satelliten integrierter Antrieb.

*Abbildung 24: Die Europa F11 auf der Startrampe ELE vor dem Jungfernflug in Kourou.*

Damals waren noch alle Nationen für die Entwicklung der Europa-II. England schlug einen Start von Darwin (13 Grad Süd) als Alternative zu Kourou vor, aber angesichts der Forderung, nach einer Senkung des eigenen finanziellen Beitrags, konnte diese Änderung des Startplatzes nicht durchgesetzt werden.

Zusammen mit der Europa-I und den nötigen Investitionen in Kourou hatte das Gesamtprogramm nun schon einen Umfang von 636 Millionen Dollar. Einen Start von einem äquatornahen Startplatz hatte die ELDO bereits 1962 in ihrer Langzeitplanung vorgesehen.

Schon 1968 musste die ELDO durch die Senkung der Beiträge von Großbritannien Kosten einsparen. Man reduzierte zuerst das Programm. Versuchsflüge und ein fortschrittlicher italienischer Kommunikationssatellit als Testnutzlast wurden gestrichen. Die Europa-II sollte in zwei Testflügen nur zeigen, dass sie einen Satelliten in den GEO-Orbit bringen kann. Vier zusätzliche Versuchsflüge auf der Diamant – zur Erprobung der P0.7 Stufe – mussten entfallen.

Gerade dieses abgespeckte Billigprogramm nahmen die Engländer als weitere Begründung für ihren Ausstieg aus der ELDO. Denn dies wäre ein neues Programm. Aus der Europa-I Entwicklung konnte England wegen früher unterzeichneter Vereinbarungen nicht so einfach ausscheiden.

Um die Europa-II möglichst preiswert entwickeln zu können, wurde an der Europa nicht viel geändert. So war die Europa-II eine Europa-I mit einer zusätzlichen vierten Oberstufe, welche mit festen Treibstoffen betrieben wurde.

Dazu wurde eine Reihe von Konzepten untersucht. Um in einen geostationären Orbit zu gelangen, musste ein Satellit zuerst um 2,4 km/s gegenüber einer niedrigen Erdbahn beschleunigt werden. Danach musste der Orbit nach 5 Stunden zirkularisiert werden, indem der Flugkörper um weitere 1,5 km/s beschleunigte. Diese Aufgabe konnte mit einer oder zwei Stufen erledigt werden. Alternativ bestand die Möglichkeit, in den Satelliten einen eigenen Antrieb zu integrieren.

Zuerst wurde eine zweistufige Lösung, das PAS (Perigree-Apogee System) entwickelt. Nachdem dieses sehr früh den Kostenrahmen sprengte, musste auf ein einfacheres System gewechselt werden. Die Wahl fiel schließlich auf eine zusätzliche vierte Stufe und einen im Satelliten integrierten Antrieb. Diese relativ geringen Änderungen gegenüber der Europa-I hätten mit Aufwendungen von 50 Millionen Dollar durchführbar sein sollen.

# P0.7 Stufe

Diese vierte Raketenstufe wurde von der CNES entwickelt und auch auf der Diamant B eingesetzt. Der Apogäumsantrieb für die Testnutzlast wurde von der italienischen Firma BPD hergestellt. Die vierte Stufe „Etage de Périgée" wurde von S.N.I.A.S gebaut. Neben dem Feststofftriebwerk mit der Füllung aus Ammoniumperchlorat, Polyurethan und Aluminium umfasste sie einen Dralltisch, der auf der Astris befestigt wurde. Er beschleunigte die Stufe mit dem Satelliten vor der Zündung auf 120 Umdrehungen pro Minute. Zur Ausrüstung der vierten Stufe gehörten auch eine Fluglagensteuerung, Batterien und ein Telemetriesender.

Das Leergewicht der P0.7 lag mit 122 kg deutlich höher als bei der Diamant B, da der Dralltisch mit seinen vier Triebwerken von jeweils 1.250 Ns Impuls mit zum Leergewicht gezählt wurde. Bei der Diamant war dagegen der Dralltisch Bestandteil der Topaze Stufe.

Die P0.7 Stufe und der Satellit bildeten die Nutzlast der Astris und wurden von ihr in eine 300 km hohe Kreisbahn befördert. Die Nutzlasthülle war bei der Europa II um etwa 40 kg leichter als bei dem Vorgängermodell.

Es gab an den ersten beiden Stufen nur geringfügige Änderungen, an der dritten Stufe aber bedeutende Modifikationen. Dadurch erhöhte sich die Masse der Astris deutlich.

| P0.7 | |
|---|---|
| Länge: | 2,02 m |
| Durchmesser: | 0,73 m |
| Startgewicht: | 807 kg |
| Leergewicht | 122 kg |
| Schub (maximal): | 41,2 kN |
| Brenndauer: | 45 s |
| Spez. Impuls: | 2.707 m/s |
| Treibstoff (Isolane 29/9) | 9% Polyurethan, 20% Aluminium, 71% Ammoniumperchlorat |

# Lenksystem

Die autonome Steuerung mit vier Kreiselplattformen als Inertialsystem flog bei Flug F9 als Passagier mit und wurde erstmals bei Flug F11 aktiv eingesetzt. Sie hatte ein Gewicht von 20 kg. Der Programmgeber der Europa-I umfasste nur ein festgelegtes Nickprogramm, bei der Europa-II kam ein Programm für die Gier- und die Rollachse hinzu. Ein Zeitgeber mit einer maximalen Abweichung von einer Hundertstel Sekunde pro Tag lieferte das Zeitsignal für die Korrekturen. Die Steuerung der Triebwerke erfolgte anhand der Differenz zwischen einem vorgegebenen Signal für die Ausrichtung der Rakete und der aktuellen Ausrichtung.

Beim Start von Kourou aus gab es noch nicht die Möglichkeit, die über das Meer führende Bahn vollständig zu überwachen. So erhielt die Europa-II eine autonome Steuerung mit Kreiseln als Referenzplattformen, welche die Radiolenkung vom Boden aus ersetzte.

Bei der Radiolenkung werden die Kursdaten am Boden errechnet und per Funk an die Steuerung der Rakete übermittelt. Bei der Inertialsteuerung kann die Rakete nach dem Start selbstständig Kursabweichungen erkennen und korrigieren. Sie ist nach dem Abheben unabhängig. Das Referenzsystem zur Feststellung der Position im Raum, der Beschleunigung, Geschwindigkeit und dem zurückgelegten Weg (auf Basis von Kreiseln als Inertialsystem) kam von Ferranti.

Der Bordcomputer Elliot MCS 920M verfügte über einen 8.192 Wort Ringkernspeicher mit einer Zugriffszeit von 5 µs. Jedes Wort war 18 Bit lang. Die Logik war recht einfach aufgebaut. Es gab nur einen 18-Bit-Akkumulator und ein 17-Bit-Hilfsregister. Weiterhin standen nur 16 Instruktionen zur Verfügung. Immerhin umfassten diese Instruktionen auch Multiplikation und Division. Die Ausführungszeit betrug zwischen 15 µs und 39 µs pro Instruktion. Der Wechsel auf einen schnelleren Ringkernspeicher mit nur 2 µs Zugriffszeit hätte diese auf 10/31 µs reduziert und wurde als Aufrüstoption betrachtet. Die CPU alleine bestand aus 36 Schaltungen. Der gesamte Computer besaß 200 Schaltkreise und 19 verschiedenen Typen. Er wog 15,2 kg, nahm ein Volumen von 12 l ein und verbrauchte 45 Watt an elektrischer Leistung. Er steuerte die Europa-I nach einem vorgegebenen Aufstiegsprogramm und veranlasste den Brennschluss der Astris. Eine Erweiterung auf ein „Closed Loop" Verfahren wurde untersucht und sollte bei späteren Flügen implementiert werden. Bei diesem Verfahren versuchte der Bordrechner bei Abweichungen nicht wieder die vorgegebene Bahn zu erreichen, sondern errechnet auf Basis der vorliegenden Daten eine neue, optimale Lösung mit niedrigstem Treibstoffverbrauch.

Der Telemetriesender wurde von Phillips PTI produziert. In der dritten Stufe brauchte das neue System mehr Platz und mehr Strom, was zu einer Umkonstruktion des Instrumentenrings führte.

Es gab nun eine zusätzliche Freiflugphase. In höheren Orbits musste die dritte Stufe stabilisiert werden. Dazu wurde ein Stickstoff-Kaltgassystem mit acht Düsen in die Astris eingebaut. Sie konnten jeweils paarweise betrieben werden.

# Änderungen an den ersten drei Stufen

Als Option konnte die Astris auch ohne Haupttriebwerk, nur mit den Steuertriebwerken, betrieben werden. Man testete die verbesserte Astris Stufe in über 1.000 Brennversuchen mit 79.000 Zündungen und einer kumulierten Dauer von 420.000 Sekunden. Freiflugphasen und der Betrieb nur mit Steuerdüsen waren erforderlich für Zweiimpuls-Übergänge. Damit konnte die Nutzlast für höhere Umlaufbahnen gesteigert werden.

Eine Neuqualifikation der Struktur der dritten Stufe war erforderlich, da die vierte Stufe und der Satellit nun über 1.250 kg wiegen konnten, die bisherige Astris aber nur für maximal 900 kg schwere Nutzlasten ausgelegt war. Weiterhin änderte sich der Schwerpunkt durch die Expansionsdüse der PAS Stufe gegenüber direkt auf die Stufe montierten Satelliten.

*Abbildung 25: Platine aus einem Elliot 902 Computer (Vorgängermodell zum 920) mit Lochstreifen des Programms. Die gesamte Banderole enthielt ein 8 KWorte langes Programm. © Erik Baigar, http://www.baigar.de/*

Da nun auch äquatoriale Bahnen erreicht werden konnten, erhöhte sich die maximale Nutzlast der Europa-II auf 1.440 kg. Die Struktur wurde verstärkt, und das Leergewicht stieg an. Allerdings wurden die Tanks auch mit 2.937 kg statt 2.850 kg Treibstoff gefüllt. Davon waren 63 kg als Reserve gedacht.

Auch bei der Blue Streak gab es Gewichtsoptimierungen. Die Struktur wurde leichter, und die Stufe nahm 5 t mehr Treibstoff auf. Der Leistung der Mark-III Triebwerke stieg leicht auf 1.342 kN Startschub. Ihr höherer Schub erlaubte die Mitnahme des zusätzlichen Treibstoffs. Die Coralie wurde weitgehend unverändert eingesetzt.

# Optimierungen

Es zeichnete sich ab, dass die nominelle Nutzlast von 170 kg im GEO-Orbit (entsprechend etwa 340 kg in den GTO-Orbit) nicht ausreichen würde. Die Satelliten Symphonie 1 und 2 wurden schwerer und wogen schließlich 402 kg.

So überlegte die ELDO, wie diese schwerere Nutzlast trotzdem mit einer Europa-II transportiert werden könnte. Dies geschah durch die Optimierung des Flugprogramms. Ursprünglich sollte die Europa-II wie die Europa-I starten. Zuerst 20 s lang senkrecht und dann mit einer Winkelgeschwindigkeit von 0,7 Grad pro Sekunde sich in die Horizontale neigend. Dieses Profil war für den Startplatz Woomera ausgearbeitet worden, um die Belastung durch Höhenwinde in 10 km Höhe zu minimieren. Doch in Kourou gab es weniger starke Höhenwinde. So konnte der Träger früher beginnen, von der Senkrechten in die Horizontale umschwenken. Wenn schon nach 10 Sekunden senkrechtem Aufstieg mit 0,603 Grad/s umgelenkt wurde, konnte die Nutzlast leicht gesteigert werden.

Die zweite Optimierung betraf die Flugbahn. Eine Oberstufe mit festen Treibstoffen hat einen konstanten Gesamtimpuls. Sie ändert bei einer gegebenen Nutzlast die Geschwindigkeit immer um den gleichen Betrag. Wenn die Nutzlast höher sein soll, so sinkt die erreichbare Geschwindigkeit der Oberstufe. Durch ein neues Flugprofil der dritten Stufe mit einer elliptischen Bahn, mit einem erdnächsten Punkt von 150 – 200 km, statt einer 300 km hohen Kreisbahn, konnte die Geschwindigkeit und damit die Nutzlast gesteigert werden.

Beide Optimierungen zusammen führten zu einer Nutzlast von 420 kg in die GTO-Bahn. Etwa 80% des Gewinns wurden durch die elliptische Bahn ermöglicht und 20% durch die Änderung des Flugprogramms.

Nach einem Jahr Pause fand der Jungfernflug der Europa-II am 5.11.1971 von Kourou aus statt.

Der Flug verlief nominal bis 104,9 Sekunden nach dem Start. Es gab zu diesem Zeitpunkt Signale auf nicht benutzten Telemetriekanälen. Bei T + 105,7 Sekunden fiel der Bordrechner aus. Die Rakete flog ungesteuert weiter und zerbrach 150 Sekunden nach dem Start durch die aerodynamische Belastung, nachdem sie sich um 35 Grad zur Flugrichtung geneigt hatte.

Der nächste Start einer Europa musste durch die Beseitigung des Fehlers um zwei Jahre auf den Oktober 1973 verschoben werden. Es zeigte sich bald, was die Ursache des Fehlschlags war. Das neue Lenkungssystem war nur ungenügend in das Gesamtsystem integriert worden. Laut der Untersuchungskommission wurden dabei „typische Integrationsfehler" begangen. Es handelte sich um Erdungsfehler, aber auch um eine unzureichende Abschirmung gegenüber elektromagnetischen Einflüssen. Dadurch konnten sich beim Aufstieg elektrische Aufladungen ausbilden, die zum Abschalten des Kursrechners führten. Es bestand sogar der Verdacht, dass die elektronischen Bauteile zu empfindlich waren.

Die Rekonstruktion des Versagens war durch die gesendeten Signale auf den unbenutzten Telemetriekanälen möglich. Diese Kanäle waren für Messfühler vorgesehen, die aber von der Mannschaft noch vor dem Start ausgebaut worden waren. Sie wirkten wie Antennen, fingen die Störungen auf und übermittelten diese als Spannungswerte an die Bodenstation.

Ein komplettes Redesign der Steuerung und weitere Verträglichkeitsprüfungen waren nötig. Da dies mindestens 18 Monate in Anspruch nehmen würde, wurde im August 1972 der nächste Start einer Europa-II auf den Zeitraum Mai – November 1973 verschoben.

Der im Mai 1972 veröffentlichte Bericht der Untersuchungskommission stellte für alle Beteiligten keine Überraschung dar. Er stellte dem Management kein gutes Zeugnis aus. So war der Bordrechner nur ein Prototyp. Ursprünglich für das „Jaguar" Kampfflugzeug entwickelt, wurde er „substanziell" modifiziert, um den Anforderungen für das Projekt gerecht zu werden. Er genügte keinen gängigen Standards an Fertigung, Inspektion und Abnahme und musste als nicht flugfähig erachtet werden. Das Gleiche galt für die Integration des Bordrechners in die dritte Stufe. Über eine 3 m lange Leitung bildete sich durch eine Impedanz eine Spannung von einigen Volt aus. Sie war schließlich der Auslöser für das Abschalten des Bordcomputers.

Weiterhin wurden Mängel bei der Integration der dritten Stufe aufgeführt. Die Verbindung der Verkabelung des oberen Teils (ERNO) und des unteren Teils (MBB) war nicht zufriedenstellend. Es fehlte an der Trennung von Datenleitungen und stromführenden Leitungen, und es wurden grundlegende Standards zur Erdung, Verbindung und Trennung von hohen und niederen Spannungen nicht eingehalten.

Die dritte Stufe konnte so nicht als qualifiziert gelten. Das gesamte elektrische System musste überarbeitet werden, auch die industrielle Organisation der Fertigung wurde als Schwachpunkt angesehen. Bei der Zusammenarbeit zwischen MBB und ERNO fehlte eine übergeordnete Stelle, welche die beiden Firmen koordinierte und überwachte (eigentlich sollte ASAT diese Funktion innehaben). Auch an der vierten Stufe gab es Kritik, jedoch in geringerem Ausmaß. Die Blue Streak und Coralie wiesen keine Probleme auf.

## Das Ende der ELDO

Erstmals wurde ein Untersuchungsbericht der ELDO veröffentlicht. Er zeigte die Probleme schonungslos auf und war somit Munition für die Kräfte, welche die Europa-II einstellen wollten. Noch während die Fehler beseitigt wurden, gärte es schon hinter den Kulissen.

Das Treffen der für die Raumfahrt verantwortlichen Minister wurde vom 11. und 12.7.1972 auf den 20.12.1972 verschoben. Dort sollte über das weitere Fortführen der Programme Europa-II und -III beraten werden.

Am 20.12.1972 gab es noch keine Einigung zur Einstellung der Europa-II, aber mit dem französisch-deutschen Beschluss zur Aufnahme des L3S Programms war klar, dass die Europa-III nicht gebaut werden würde.

Am 19. und 20.1.1973 entschlossen sich Frankreich und Deutschland am Rande der deutsch-französischen Konsultationen zum Ausstieg aus der ELDO. Als Folge entschied der ELDO-Rat am 27.4.1973 auf Veranlassung der deutschen und französischen Regierung, alle Arbeiten an der Europa-II einzustellen und die ELDO aufzulösen. Aufgrund der Produktionszeit von drei Jahren war die Produktion der Stufen bei Einstellung des Programmes unterschiedlich weit fortgeschritten. Dies sind die bis zur Einstellung des Programms gefertigten Raketen:

- Die F12 war in Kourou in einem Kreisverkehr ausgestellt. Sie war nach Kourou geliefert worden, bevor das Projekt eingestellt wurde. Teile der Rakete sollen wegen des korrosionsfesten Metalls auch als Dächer für eine Hühnerfarm verwendet worden sein.

- Die Blue Streak von F13 ist zu besichtigen im Deutschen Museum München, Außenstelle Flugwerft Schleißheim. In der Zentralstelle in München findet man eine dazugehörige Astris Stufe.

- Die Blue Streak von F14 befindet sich im Aircraft Museum in East Lothian bei Edinburgh.

- Die F15 steht im Spacecamp bei Redu in Belgien, durch Plünderung seitens der „Besucher" allerdings in einem sehr schlechten Zustand.

- F16 wurde nicht fertiggestellt. Die Blue Streak steht im National Space Centre in Leicester.

- Für F17 und F18 wurden nur Teile hergestellt. Eine Astris Oberstufe schmückt die Halle des Instituts für Luft & Raumfahrt der Uni Stuttgart, eine war bei der FH Aachen ausgestellt. Ebenso befindet sich ein Bremen eine Astris, die aber wahrscheinlich noch aus der Entwicklung stammt, schließlich wurden insgesamt 22 Astris-Oberstufen gefertigt, aber nur ein kleiner Teil davon gestartet.

*Abbildung 26: Die Europa II im Spacecamp bei Redu von Vorne*

# Ein Irrweg oder Lektionen,
# die gelernt werden mussten?

Auch 40 Jahre nach dem letzten Start einer Europa bleiben offene Fragen: Wäre der nächste Start gelungen? War die Europa nur eine teure technologische Sackgasse?

Unbestreitbar war die Entwicklung und Fertigung der Europa-I und II sehr teuer. Allerdings wurde auch erst eine Raumfahrtindustrie in Europa aufgebaut. Ähnliche Anschubfinanzierungen gab es bei den ersten deutsch/französischen Kommunikationssatelliten (Symphonie-Projekt).

Auch in den USA waren die ersten Trägerraketen sehr viel teurer als die folgenden Modelle. Dies ist ebenfalls bei der Europa-III zu sehen. Hier sollte die Entwicklung nur noch 475 Millionen Dollar kosten, obwohl sie die vierfache Nutzlast einer Europa-II aufwies. Zweifellos war die Europa aber in der Produktion sehr teuer. Bei gleicher Nutzlast kostete sie dreimal mehr als eine Delta der 1000 er Serie.

Ob F12 und die folgenden Flüge geglückt wären, muss offen bleiben. Auf der Grundlage des Untersuchungsberichts zu F11 ist die persönliche Einschätzung des Autors, dass es in der Europa noch zahlreiche Fehlerquellen gab, die vor allem durch mangelhafte Zusammenarbeit aller Beteiligten entstanden waren. Ob bereits alle Fehler gefunden und eliminiert worden waren? Nach den Erfahrungen bei Ariane, bei der ein systematischer Fehler in der Zündung der dritten Stufe erst nach mehr als einem Dutzend geglückter Flüge auftraten, bin ich skeptisch. Die Europa-I und II waren Auslaufmodelle. Es hätte nur wenige Nutzlasten für sie gegeben. Schon um 1980 wären sie zu klein für jede ESA-Nutzlast gewesen.

Die geringe Nutzlast resultierte vor allem aus der Auslegung. Wegen des geringen Schubs der Blue Streak waren die Oberstufen etwa um den Faktor 2 zu klein, und die Coralie hatte eine zu hohe Leermasse. Die Reduktion ihrer Leermasse auf ein normales Maß hätte die Nutzlast um 300 kg auf 1.500 kg erhöht. Eine „ideale" Stufung mit einer zweiten Stufe von 24 t Startgewicht und einer dritten Stufe von 5 t Masse hätte etwa 1.700-1.800 kg Nutzlast ergeben. Das Versäumnis bei der Entwicklung war, dass diese Chancen gleich am Anfang verspielt wurden, indem Schubsteigerungen der Blue Streak unterblieben und das hohe Strukturgewicht der Coralie akzeptiert wurde.

| Typenblatt Europa-II | |
|---|---|
| Länge: | 31,70 m |
| maximaler Durchmesser: | 3,69 m |
| Startgewicht: | 112.000 kg |
| Einsatzzeitraum: | 1971 |
| Starts / Fehlstarts | 1 / 1 |
| Zuverlässigkeit: | 0% |
| Nutzlast: | 1.440 kg (in einen 200 km hohen äquatorialen Orbit) |
| | 420 kg (in einen GTO-Orbit) |
| | 230 kg (in einen GEO-Orbit) |
| **Stufe 1 Blue Streak** | |
| Länge: | 18,37 m |
| Durchmesser: | 3,05 m (3,69 mit Triebwerksverkleidung) |
| Startgewicht: | 94.940 kg |
| Leergewicht: | 6.289 kg |
| Triebwerk: | 2 Triebwerke RZ2 III |
| Schub: | 2 × 671 kN (Meereshöhe) |
| | 2 × 758 kN (Vakuum) |
| Brenndauer: | 160,3 s |
| Treibstoff: | LOX / Kerosin |
| Spezifischer Impuls: | 2.438 m/s (Meereshöhe), 2.790 m/s (Vakuum) |
| **Stufe 2 Coralie** | |
| Länge: | 5,49 m |
| Durchmesser: | 2,01 m |
| Startgewicht: | 12.019 kg |
| Trockengewicht: | 2.109 kg (2.276 kg mit Stufenadapter) |
| Triebwerk: | 1 Triebwerk Vexin-A mit 4 Brennkammern |
| Schub: | 262 kN (Vakuum) |
| Brenndauer: | 103 s |
| Treibstoff: | Stickstofftetroxid / UDMH |
| Spezifischer Impuls: | 2.757 m/s (Vakuum) |
| **Stufe 3 Astris** | |
| Länge: | 3,815 m |
| Durchmesser: | 2,01 m |
| Startgewicht: | 3.993 kg |
| Leergewicht: | 798 kg (+ 258 kg Unter+Mittelteil als Stufenadapter) |
| Triebwerke: | 1 Triebwerk + 2 Verniertriebwerke |
| mittlerer Schub: | 22,56 kN + 2 × 0,4 kN |
| Brenndauer: | 375 s |
| Treibstoff: | Stickstofftetroxid / Aerozin-50 |
| Spezifischer Impuls (Vakuum) | 2.942 m/s Haupttriebwerk (2.864 m/s Steuertriebwerke) |

| Stufe 4 P.07 | |
| --- | --- |
| Länge: | 2,02 m |
| Durchmesser: | 0,73 m |
| Startgewicht: | 807 kg |
| Leergewicht: | 122 kg |
| Triebwerke: | 1 Triebwerk SEP P6 |
| mittlerer Schub: | 41,2 kN |
| Brenndauer: | 45 s |
| Treibstoff: | Polyurethan / Ammoniumperchlorat / Aluminium |
| Spezifischer Impuls (Vakuum) | 2.707 m/s |
| Nutzlasthülle | |
| Länge: | 4,08 m |
| maximaler Durchmesser: | 2,01 m |
| Gewicht: | 308 kg |

*Abbildung 27: Die Blue Streak im Deutschen Museum in Schleißheim*

*Abbildung 28: Start der Europa II F11 von der Startrampe ELE aus.*

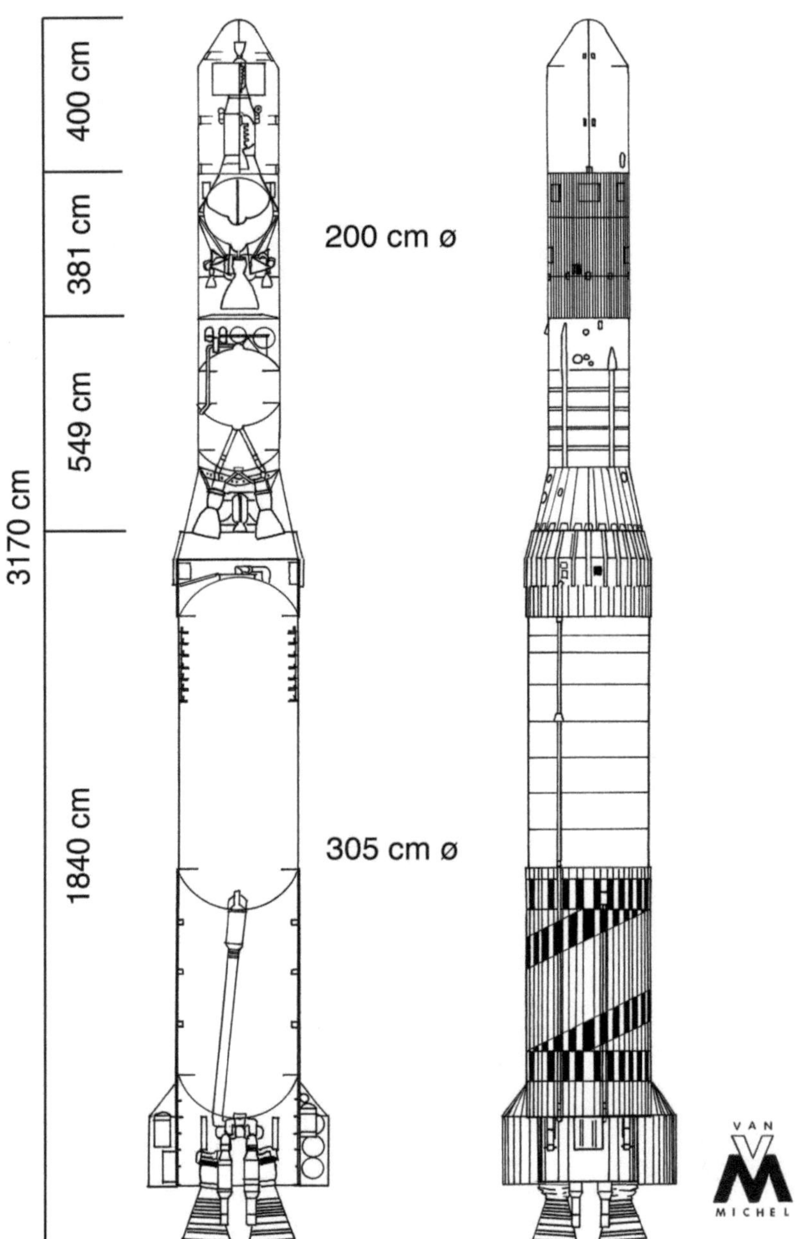



*Abbildung 29: Querschnitt und Außenansicht der Europa II © der Grafik: Michel Van*

# Europa-III

Noch während die ELDO an der Europa-I und II arbeitete, plante sie bereits eine viel stärkere Rakete. Die Europa-I und II war ausreichend leistungsfähig für die ersten Satelliten der Europäer. Doch schon die nächste Generation von geostationären Satelliten sollte 800 kg wiegen, gefolgt von operationellen Exemplaren, die 1.000 bis 1.200 kg wiegen sollten (OTS 1978 und ECS 1982).

So erarbeitete die ELDO mehrere Vorschläge für einen Nachfolger, welcher Europa-III genannt wurde. Die Europa-III sollte 400-700 kg in eine geostationäre Umlaufbahn, entsprechend 800-1.400 kg in eine geostationäre Übergangsbahn bringen. Zudem sollte sie preiswerter als eine Europa-II sein, bei der ein Start 20 Millionen Dollar kostete.

Im April 1969 erging ein Aufruf an die Industrie, Vorschläge für die Europa-III einzureichen. Sie sollte eine minimale Nutzlast von 435 kg im GEO-Orbit, entsprechend 800 kg im GTO-Orbit aufweisen. Ein Potenzial zur Steigerung auf 570 – 600 kg in den GEO-Orbit sollte vorhanden sein. Im Januar 1970 wurde am Ministertreffen über die Vorschläge der Firmen beraten:

- Die „Europa-III A" war eine unveränderte Blue Streak Erststufe mit einer hoch energetischen, kryogenen zweiten Stufe mit 14 t Treibstoffzuladung. Die Startmasse betrug etwa 110 t bei einer Höhe von 33 m und einem durchgängigen Durchmesser von 3,05 m. Die zweite Stufe sollte ein spezifischer Impuls von 4.393 m/s aufweisen. Die Nutzlast betrug 500 kg in den GEO-Orbit, ausbaubar auf 900 kg. Mit den Boostern der Europa-II TA wäre zum Beispiel eine Nutzlast von 720 kg in den GEO-Orbit erreicht worden. Diese Rakete wäre nicht vor 1979 zur Verfügung gestanden.

- Die Europa-III B setzte dagegen auf eine neue Erststufe. Die L120 mit französischen Viking-1 Triebwerken hatte bei 120 t Treibstoffzuladung einen Schub von 4 × 55 t oder 5 × 40 t. Die zweite Stufe nutzte auch LOX/LH2 und hatte eine Startmasse von 25 t. Der Schub ihres Triebwerks betrug 200 kN. Die Startmasse der Rakete betrug 160 t, die Nutzlast 560 kg in den GEO-Orbit, ausbaufähig auf 850 kg. Für die L120 Stufe sprach, dass es schon gefertigte Tanks gab, die Kosten der Stufe mit der Blue Streak vergleichbar waren und das Viking Triebwerk in Bodentests mit 41,5 t Schub erprobt war. Der Durchmesser betrug 3,60 m, die Länge 36 m.

- Bei der Europa-III C sollten vier anstatt zwei Rolls-Royce Triebwerke RZ2 in der ersten Stufe eingesetzt werden, wodurch sich die Treibstoffzuladung einer Blue Streak auf 140 t vergrößert hätte. In der zweiten Stufe wäre das gleiche Triebwerk wie bei der Europa-III B zum Einsatz gekommen. Sie wäre aber mit nur 17 t Treibstoff kleiner gewesen. Die Startmasse hätte 175 t betragen. Der Schub eines RZ2 wäre auf 63 t (618 kN) reduziert worden. Sie wäre mit 37 m Höhe und 3,60 m Durchmesser die längste aller Varianten gewesen. Die Nutzlast hätte in der Basisvariante 650 kg für den GEO-Orbit betragen. Dies war die von der ELDO favorisierte Version.

- Die Europa-III D bestand aus zwei hoch energetischen Stufen und war der Vorschlag mit der geringsten Startmasse (nur 78 t). Die erste Stufe hätte 55 t bei 50 t Treibstoffzuladung gewogen, die zweite Stufe 20 t, davon 17 t Treibstoff. Die Nutzlast in den GEO-Orbit hätte in der Basisversion 700 kg betragen, mit 70 t Treibstoff in der ersten Stufe wäre sie auf 900 kg gestiegen. Beide Stufen setzten dasselbe Triebwerk ein, nur die erste Stufe vier bis fünf der 200-kN-Triebwerke. Ihre Entwicklung hätte am längsten gedauert, und die Rakete wäre nicht vor 1982 verfügbar gewesen. Die Europa-III D hätte einen Durchmesser von 3,80 m und eine Länge von 34 m gehabt.

- Die Europa-III E sollte weitere Blue Streak Erststufen als Booster einsetzen. Die Rakete blieb aber eine Europa II ohne neue Stufen. Dieses Konzept wich von den anderen Varianten deutlich ab und wurde unter der Bezeichnung Europa-IV weiter verfolgt.

Je nach Variante betrug die Nutzlast für einen geostationären Übergangsorbit 1.160 bis 1.550 kg, also das drei bis vierfache der Nutzlast der Europa-II. Alle Vorschläge waren so ausgelegt, dass die Nutzlast noch gesteigert werden konnte, um auch für zukünftige Aufgaben gerüstet zu sein.

Die Vorschläge, welche die bisherige Blue Streak oder ihre Triebwerke nutzten, fanden angesichts des Rückzugs von England aus der ELDO wenig Zustimmung. Damit waren die beiden Vorschläge Europa- III A und -III C aus dem Rennen.

Die Europa-III D war technisch sehr anspruchsvoll und wäre daher teuer in der Entwicklung gewesen. Dagegen schien die Europa-III B umsetzbar zu sein. Die Viking Triebwerke der ersten Stufe basierten auf der Technologie der französischen Stufe Coralie und der Diamant Trägerrakete. Prototypen mit einem Schub von 400 kN existierten bereits. Die zweite Stufe sollte von Cryorocket, einem Joint-Venture von MBB und SEREB, entwickelt werden. Die Europa-III B hätte etwa 5.500 kg in eine äquatoriale, 200 km hohe Bahn befördern können oder 4.500 kg in eine polare Bahn in derselben Höhe. Die Nutzlast für den GTO-Orbit hätte 1.550 kg betragen. Nach längeren Beratungen entschied das Ministertreffen im April 1970, den Vorschlag der Europa-III B umzusetzen.

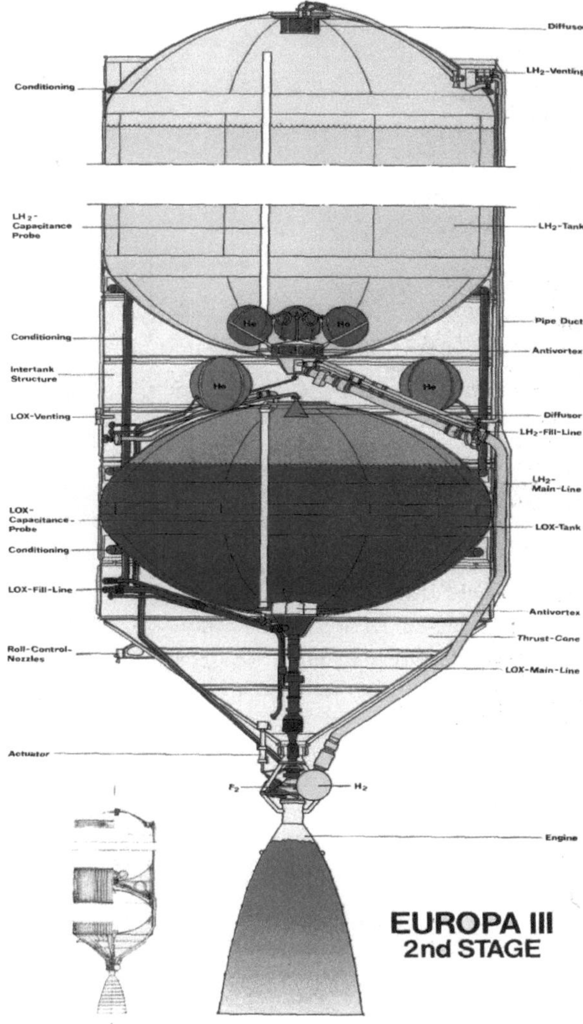


*Abbildung 30: Querschnitt durch die dritte Stufe der Europa III (Entwurf von 1972)*

Bei der Detailplanung der Europa-III B gab es dann noch einige Anpassungen. So wurde die Treibstoffzuladung der ersten Stufe vergrößert, als die Viking Triebwerke 55 t (540 kN) anstatt 40 t Bodenschub (392 kN) erreichten. Durch den höheren Schub reichten in der ersten Stufe vier Triebwerke, statt der geplanten fünf. Der Durchmesser wurde auf 3,80 m erhöht, die Länge von der zweiten Stufe von 12,20 auf 10,50 m verkürzt und der ersten Stufe von 19,20 auf 18,40 m reduziert. Im Gegenzug wurde die Nutzlasthülle von 8,50 auf 11 m verlängert.

Deutschland hatte sich für die Entwicklung der zweiten Stufe qualifiziert, weil seit 1967 ein „LH2 Experimentalprogramm" mit Vorarbeiten für eine mit Wasserstoff angetriebene Stufe durchgeführt wurde. Schon seit 1963 wurde bei MBB ein 130-kN-Triebwerk mit einem neuen Hauptstromverfahren entwickelt. Das Patent dafür wurde später von Rocketdyne lizenziert und war Grundlage für die Entwicklung der SSME (Space Shuttle Main Engine).

Der Antrieb für die H2O Stufe hätte 200 – 250 kN Schub geleistet. Der spezifische Impuls sollte 4.393 m/s und der Brennkammerdruck 130 bar betragen. Bei einem Expansionsverhältnis von 160 war das Triebwerk 2,62 m hoch und etwa 400 kg schwer. Wasserstoff sollte im „staged combustion" Betrieb im Verhältnis von 6:1 (LOX/LH2) verbrannt werden. Die Entwicklung dieses Antriebs wurde als größter Kostenpunkt eingestuft.

Die Kosten für die Europa-III wurden anfänglich auf 470 Millionen Dollar geschätzt, inklusive 20% Sicherheitsspielraum auf 565 Millionen Dollar. Vor Einstellung des Projektes ging die deutsche Bundesregierung von 2.800 Millionen DM für das Programm aus. Deutschland war dies zu teuer, zumal der deutsche Anteil an der Finanzierung (nach dem Ausstieg Italiens) auf 45% geklettert war. Nach dem Beschluss über die Umsetzung des L3S Konzeptes wurden im Dezember 1972 die Arbeiten an der Europa-III eingestellt, und im Mai 1973 die ELDO aufgelöst. Bis dahin waren für die Europa-III 47 Millionen Dollar (90 Millionen DM) ausgegeben worden, wobei neben Vorstudien auch schon folgende Hardware entwickelt worden war:

- der Treibstofftank der ersten Stufe
- die Triebwerke der ersten Stufe
- die Treibstofftanks der zweiten Stufe
- das Schubgerüst der ersten Stufe
- Teile des Triebwerks der zweiten Stufe (Brennkammer, Düse)

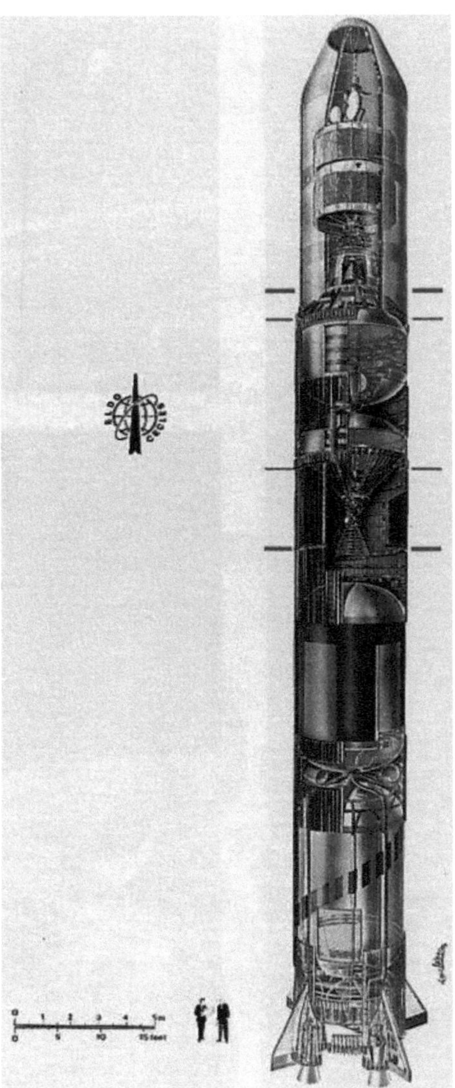

*Abbildung 31: Planung der europa III 1972*

| **Typenblatt Europa-III B** | |
|---|---|
| Länge: | 37,30-40,80 m |
| maximaler Durchmesser: | 3,80 m |
| Startgewicht: | 191.150 kg |
| Nutzlast: | 5.500 (in einen 200 km hohen äquatorialen Orbit) |
| | 4.500 kg (in einen 550 km hohen äquatorialen Orbit) |
| | 1.550 kg (in einen GTO-Orbit) |
| **Stufe 1 L150** | |
| Länge: (Mit Stufenadapter) | 18,50 m |
| Durchmesser: | 3,80 m |
| Startgewicht: | 166.030 kg |
| Leergewicht: | 13.590 kg |
| Triebwerk: | 4 Triebwerke Viking-2 |
| Schub: | 4 × 617 kN (Meereshöhe) |
| | 4 × 684 kN (Vakuum) |
| Brenndauer: | 150 s |
| Treibstoff: | Stickstofftetroxid / UDMH |
| Spezifischer Impuls: | 2.438 m/s (Meereshöhe), 2.728 m/s (Vakuum) |
| **Stufe 2 H20** | |
| Länge: | 10,50 m |
| Durchmesser: | 3,80 m |
| Startgewicht: | 23.000 kg |
| Trockengewicht: | 3.000 kg |
| Triebwerk: | 1 Triebwerk |
| Schub: | 195 kN (Vakuum) |
| Brenndauer: | 448 s |
| Treibstoff: | LOX / LH2 |
| Spezifischer Impuls: | 4.392 m/s (Vakuum) |
| **Nutzlasthülle** | |
| Länge: | 8,50 m / 11,00 m |
| Durchmesser: | 3,80 m |
| Gewicht: | 580 kg |

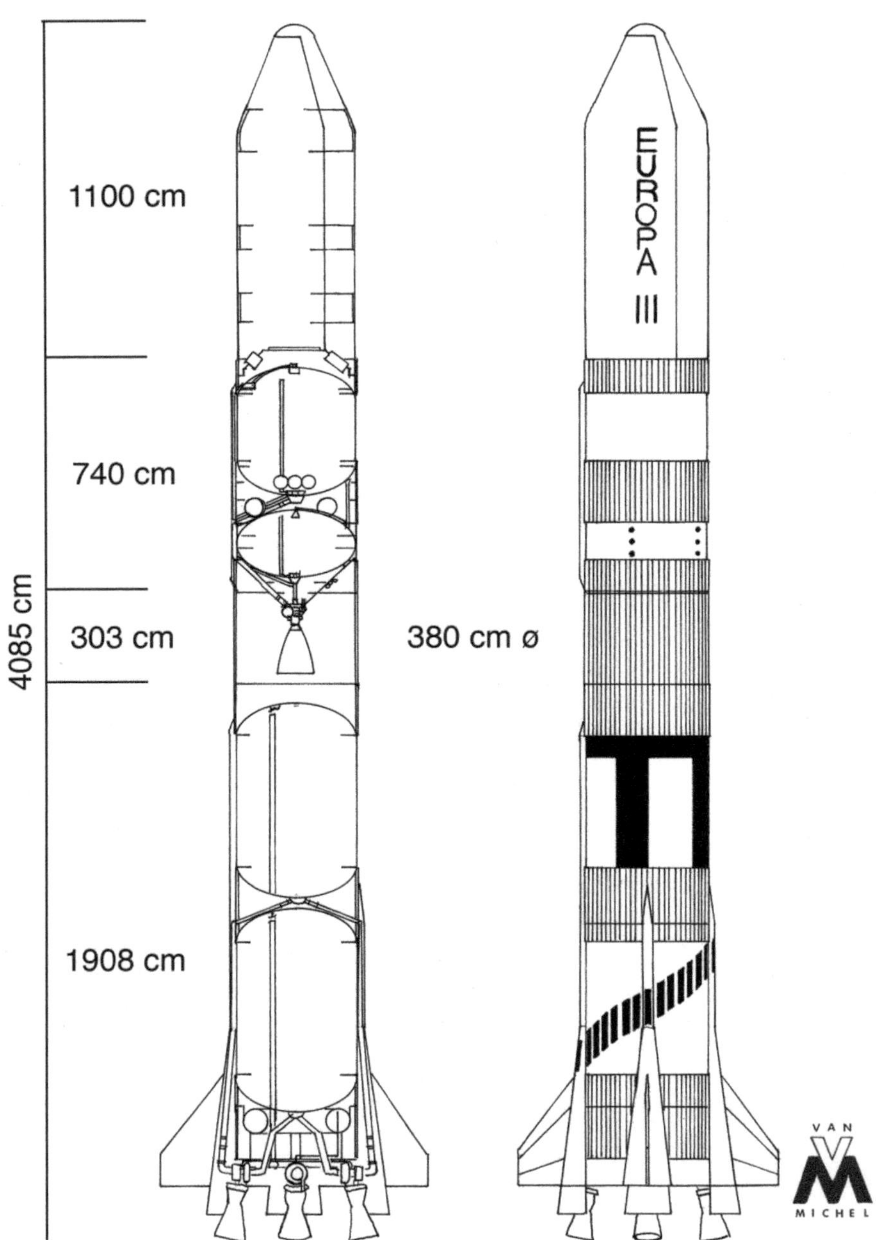


*Abbildung 32: Endgültiger Europa III Entwurf von 1972 © der Grafik: Michel Van*

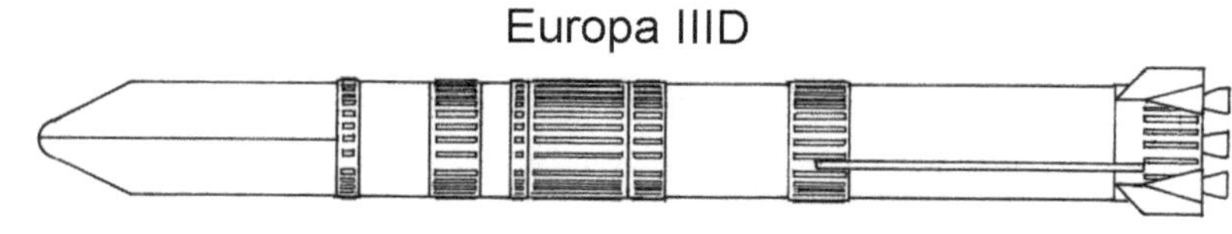

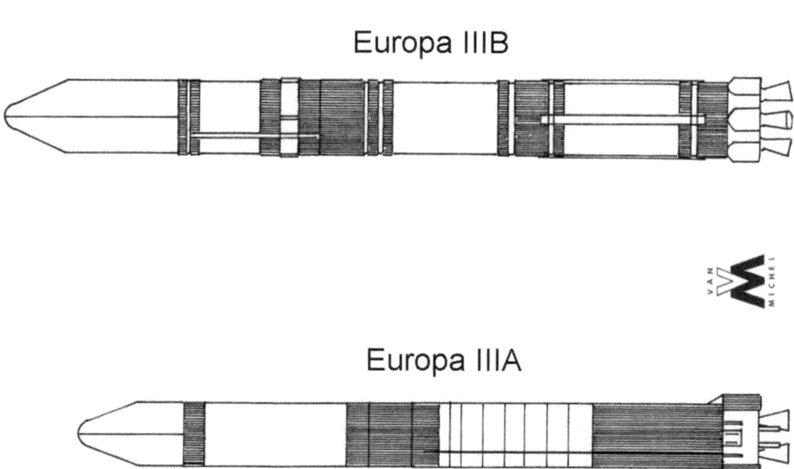


*Abbildung 33: Die Europa III A-D Vorschläge*

# ELDO Projektstudien

Der ELDO war das Manko der begrenzten Nutzlast der Europa bekannt. Es gab eine Reihe von Studien, wie durch optimalen Einsatz der vorhandenen Technologie die Nutzlast gesteigert werden könnte. Allerdings wurde keines dieser Projekte umgesetzt.

Schon im Februar 1964 wurde angekündigt, nach der ELDO-A (Europa-I) an die Entwicklung der ELDO-B mit 2.500 kg Nutzlast und später an die Konzeption der ELDO-C mit 7.500 kg Nutzlast zu gehen. Die laufenden Kostenüberschreitungen der Europa-I und II verhinderten die Umsetzung dieser Pläne.

# Die ELDO B1 und B2

Die ersten Entwürfe vom April 1965 wurden als ELDO-B1 und -B2 bezeichnet und waren die ersten Versionen, die einen geostationären Orbit erreichen konnten. Sie wurden von Frankreich präsentiert, welches zu diesem Zeitpunkt dafür plädierte, die ELDO-A Entwicklung zugunsten der ELDO-B einzustellen. Die beiden Konzepte bauten aufeinander auf.

Bei der ELDO-B1 und -B2 sollten die Coralie und Astris Oberstufe der ELDO-A durch leistungsfähigere Versionen abgelöst werden.

Die erste Stufe blieb die Blue Streak mit einer verstärkten Struktur. So sollte die Wanddicke der Tanks von 0,6 mm auf 1,5 mm angehoben werden, um eine schwerere Last tragen zu können. Dies erhöhte die Strukturmasse der Blue Streak um 850 kg. Der Schub der RZ2 Motoren hätte für die ELDO-B2 auf 740 kN (am Boden) pro Triebwerk gesteigert werden müssen. Die RZ2 Triebwerke sollten auch zuverlässiger werden und an die Weiterentwicklung der Rocketdyne Triebwerke, von denen sie abstammten, anschließen.

Die zweite Stufe der ELDO-B1 nutzte Wasserstoff und Sauerstoff als Treibstoff. Ein einzelnes Triebwerk, gemeinsam entwickelt von Rolls-Royce und SEREB sollte sie antreiben. Die ELDO-B2 sollte eine noch größere zweite Stufe mit vier dieser Triebwerke einsetzen.

Die ELDO-B1 und -B2 hätten sich mit ihrem durchgehenden Durchmesser von 3,0 m deutlich von der Europa I und -II unterschieden und ähnelten eher der Atlas Centaur und der späteren Europa-III.

Die Kosten für die Entwicklung der ELDO-B1 wurden 1965 auf zusätzliche 140 Millionen Dollar geschätzt. Sie wäre nach fünf Jahren (1970) zur Verfügung gestanden.

Die ELDO-B2 unterschied sich von der ELDO-B1 durch die Möglichkeit, die zweite Stufe der ELDO-B1 als optionale dritte Stufe einsetzen. Eine deutlich größere, neue, Stufe wäre dann die zweite Stufe gewesen. Zusätzlich zu den 140 Millionen Dollar für die Entwicklung der ELDO-B1, hätte die B2-Version weitere 100 Millionen Dollar Entwicklungskosten erfordert. Sie hätte nicht vor 1972 /1973 ihren Jungfernflug absolviert. Während der Studie wurden die Stufen etwas größer: Die ersten Entwürfe gingen noch von 5,5 t beziehungsweise 14 t Treibstoff aus. Doch selbst diese kleineren Versionen hätten schon 2,1 bzw. 3,5 t in einen erdnahen Orbit gebracht. Aus den ELDO-B Projektstudien sollte schließlich das Konzept der Europa-III entstehen.

Es gibt unterschiedliche Angaben zur ELDO B1/B2. Das Typenblatt zeigt zwei Versionen mit kleineren Oberstufen, die untere Tabelle zwei leistungsfähigere Versionen. Bei der ELDO B2 im Typenblatt hätte man trotz schubstärkerer Rolls-Royce Triebwerke in der Blue Streak die Erststufe nicht voll betankt, um die Startmasse (ohne Nutzlast) auf 110 t, die Startmasse der Europa II zu begrenzen.

|  | ELDO B1 | ELDO B2 |
|---|---|---|
| Abmessungen: | Durchmesser: 3,00 m<br>Höhe: 30,23 m<br>Startgewicht: 105 t<br>Nutzlast: 2.500 kg LEO<br>300 kg GEO | Durchmesser: 3,00 m<br>Höhe: 39,92 m<br>Startgewicht: 125 t<br>Nutzlast: 4,000 kg LEO<br>600 kg GEO |
| Erste Stufe: | „Blue Streak"<br>Startgewicht: 96.000 kg<br>Leergewicht: 7.300 kg<br>Startschub: 1.480 kN<br>Durchmesser: 3,0 m | „Blue Streak"<br>Startgewicht: 96.000 kg<br>Leergewicht: 7.300 kg<br>Startschub: 1.480 kN<br>Durchmesser: 3,0 m |
| Zweite Stufe: | H7.5<br>Startgewicht: 8.500 kg<br>Leergewicht: 1.000 kg<br>Startschub: 60 kN<br>Durchmesser: 3,0 m<br>Länge 4,96 m | H19<br>Startgewicht: 19.000 kg<br>Leergewicht: 2.000 kg<br>Startschub: 4 × 60 kN<br>Durchmesser: 3,0 m<br>Länge: 9,92 m |
| Dritte Stufe: | Keine | H7.5<br>Startgewicht: 8.500 kg<br>Leergewicht: 1.000 kg<br>Startschub: 60 kN<br>Durchmesser: 3,0 m<br>Länge: 4,96 m |

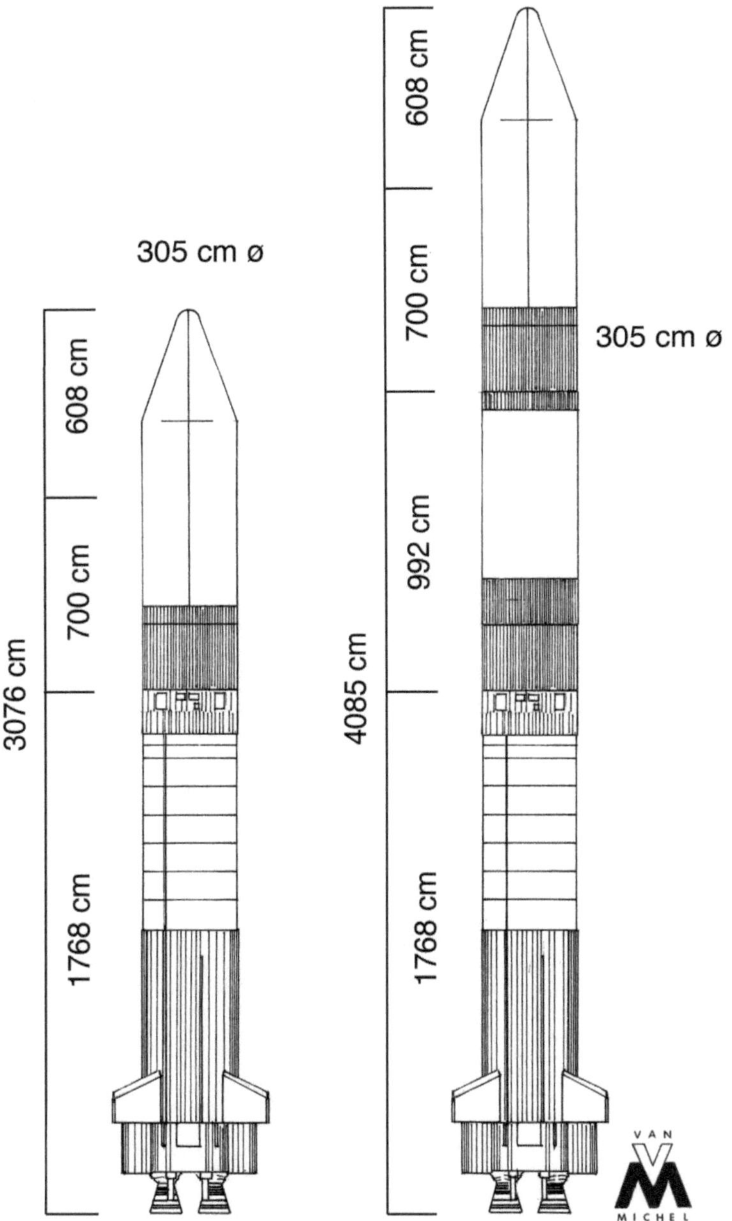


*Abbildung 34: ELDO B1 und B2 © der Grafik: Michel Van*

<table>
<tr><td colspan="2" align="center"><h2>Typenblatt ELDO B1</h2></td></tr>
<tr><td>Länge:<br>maximaler Durchmesser:<br>Startgewicht:</td><td>27,40 m<br>3,69 m<br>max. 105.000 kg</td></tr>
<tr><td>Einsatzzeitraum:<br>Starts / Fehlstarts<br>Zuverlässigkeit:</td><td>0</td></tr>
<tr><td>Nutzlast:</td><td>2.000 kg – 2.340 kg (in einen 200 km hohen polaren Orbit)<br>130 kg – 200 kg (auf eine Fluchtbahn)</td></tr>
<tr><td colspan="2" align="center">Stufe 1 Blue Streak</td></tr>
<tr><td>Länge:<br>Durchmesser:<br>Startgewicht:<br>Leergewicht:<br>Triebwerk:<br>Schub:<br><br>Brenndauer:<br>Treibstoff:<br>Spezifischer Impuls:</td><td>18,37 m<br>3,05 m (3,69 mit Triebwerksverkleidung)<br>94.350 kg<br>6.700 kg<br>2 Triebwerke RZ2 II<br>2 × 667 kN (Meereshöhe)<br>2 × 765 kN (Vakuum)<br>159,2 s<br>LOX / Kerosin<br>2.428 m/s (Meereshöhe), 2.786 m/s (Vakuum)</td></tr>
<tr><td colspan="2" align="center">Stufe 2 H5.5</td></tr>
<tr><td>Länge:<br>Durchmesser:<br>Startgewicht:<br>Trockengewicht:<br>Schub:<br>Brenndauer:<br>Treibstoff:<br>Spezifischer Impuls:</td><td>5,49 m<br>3,05 m<br>6.575 kg<br>1.075 kg<br>60 kN (Vakuum)<br>382 / 394 s<br>LOX / LH2<br>4.169 m/s - 4301 m/s (Vakuum)</td></tr>
<tr><td colspan="2" align="center">Nutzlastverkleidung</td></tr>
<tr><td>Höhe:<br>Durchmesser:<br>Masse:</td><td>3,54 m<br>3,05 m<br>505 kg</td></tr>
</table>

<table>
<tr><td colspan="2" align="center"><h2>Typenblatt ELDO B2</h2></td></tr>
<tr><td>Länge:<br>maximaler Durchmesser:<br>Startgewicht:</td><td>35,10 m<br>3,69 m<br>max. 110.000 kg</td></tr>
<tr><td>Einsatzzeitraum:<br>Starts / Fehlstarts<br>Zuverlässigkeit:</td><td>1972/73 -<br>0</td></tr>
<tr><td>Nutzlast:</td><td>3.000 kg – 3.400 kg (in einen 200 km hohen polaren Orbit)<br>850 kg – 1.060 kg (auf eine Fluchtbahn)</td></tr>
<tr><td colspan="2" align="center">Stufe 1: Blue Streak</td></tr>
<tr><td>Länge:<br>Durchmesser:<br>Startgewicht:<br>Leergewicht:<br>Triebwerk:<br>Schub:<br><br>Brenndauer:<br>Treibstoff:<br>Spezifischer Impuls:</td><td>18,37 m<br>3,05 m (3,69 mit Triebwerksverkleidung)<br>86.400 kg<br>6.700 kg<br>2 Triebwerke RZ2 IV<br>2 × 710 kN (Meereshöhe)<br>2 × 813 kN (Vakuum)<br>159,2 s<br>LOX / Kerosin<br>2.428 m/s (Meereshöhe), 2.786 m/s (Vakuum)</td></tr>
<tr><td colspan="2" align="center">Stufe 2: H14</td></tr>
<tr><td>Länge:<br>Durchmesser:<br>Startgewicht:<br>Trockengewicht:<br>Schub:<br>Brenndauer:<br>Treibstoff:<br>Spezifischer Impuls:</td><td>7,70 m<br>3,05 m<br>16.520 kg<br>2.520 kg<br>4 x 60 kN (Vakuum)<br>243 / 251 s<br>LOX / LH2<br>4.169 m/s - 4301 m/s (Vakuum)</td></tr>
<tr><td colspan="2" align="center">Stufe 3: H5.5</td></tr>
<tr><td>Länge:<br>Durchmesser:<br>Startgewicht:<br>Trockengewicht:<br>Schub:<br>Brenndauer:<br>Treibstoff:<br>Spezifischer Impuls:</td><td>5,49 m<br>3,05 m<br>6.575 kg<br>1.075 kg<br>60 kN (Vakuum)<br>382 / 394 s<br>LOX / LH2<br>4.169 m/s - 4301 m/s (Vakuum)</td></tr>
<tr><td colspan="2" align="center">Nutzlastverkleidung</td></tr>
<tr><td>Höhe:<br>Durchmesser:<br>Masse:</td><td>3,54 m<br>3,05 m<br>505 kg</td></tr>
</table>

# Die Europa-II TA

Eine Ergänzung der Europa-II mit Boostern sollte den Startschub stark anheben (TA: **T**hrust **A**ugmented). Es gab zwei Vorschläge mit jeweils vier Feststoff- (P16) oder Flüssigboostern (L17).

Die ELDO bevorzugte die Lösung mit den Feststoffboostern. Sie enthielten je 16 t Treibstoff und erforderten weniger Änderungen an der Blue Streak. Bei den Boostern mit flüssigen Treibstoffen handelte es sich um angepasste Erststufen der Diamant, die mit jeweils 17 t Treibstoff einen Startschub von 353 kN aufbringen konnten. Die Booster wären an der Gerätesektion neben den Triebwerken und dem Kerosintank angebracht worden. Da diese Sektion schon durch Spanten verstärkt war, hätten die Kräfte gut auf die Blue Streak übertragen werden können.

Eine Untersuchung ergab, dass die höhere Startbeschleunigung von 1,39 g (statt 1,30 g) keine Probleme machte, wenn das Flugprofil angepasst wurde. Bei Beibehaltung des ursprünglichen Flugprofils hätte der Sauerstofftank strukturell verstärkt werden müssen. Dies war auch der Grund, warum eine Version mit zwei Feststoffboostern von jeweils 25 t Treibstoffmasse und 96 t (940 kN) Schub über 120 Sekunden verworfen wurde. Sie hätte die Nutzlast nur von 170 auf 220 kg in den GEO-Orbit gesteigert, aber eine viel höhere Startbeschleunigung ergeben. Die vier kleineren Booster wurden dagegen paarweise nacheinander gezündet und ergaben dadurch eine geringere Startbeschleunigung. Die Düsen der Booster hätten um 10 Grad von der Längsachse weggezeigt, damit beim Start die heißen Gase nicht auf die Düsen der RZ2 Triebwerke zurückgeworfen wurden.

Die Europa-II TA hätte rund 270 – 300 kg in den GEO-Orbit oder rund 600 kg in den GTO-Orbit transportiert und in etwa die Leistung einer Delta der 2000-Serie gehabt. Sie wäre ein Zwischenschritt zur Europa-III gewesen und hätte schon 1976 zur Verfügung gestanden. Eine Erweiterung der Europa-III um diese Booster wurde auch für denkbar gehalten.

Im Jahr 1969 glaubte die ELDO noch, die Europa-II TA mit einem Finanzaufwand von 34 Millionen Dollar bis zu einem Versuchsstart 1974 fertigstellen zu können. Damit hätte dieser Träger bei niedrigeren Investitionskosten fast dieselbe Nutzlast wie die ELDO-B1 gehabt.

fEine Zwischenform zwischen der Europa-II TA und der Europa-III schlug Hawker Siddeley im Jahr 1972 vor: eine Europa-II mit zwei Diamant L17 Erststufen als Booster und der Oberstufe der Europa-III. Die Nutzlast hätte 750 kg in den GEO-Orbit betragen. Diese Version hätte nur die Hälfte der Entwicklungskosten der Europa-III erfordert und wäre schneller zur Verfügung gestanden. Der Vorschlag war darauf ausgerichtet, die britische Regierung, der

die Europa-III zu teuer war und zu spät zur Verfügung stand, wieder für das Projekt zu gewinnen. Eine Modifikation dieses Projektes war die Übernahme der Centaur-D als Oberstufe. Zwar entfiel dadurch ein Großteil der Entwicklungskosten der Europa-III, die der engli-
schen Regierung zu hoch erschienen. Dafür wäre er wohl auf Widerstand bei den Franzosen
gestoßen, die sicherlich nicht an einer Rakete mit einer amerikanischen Oberstufe beteiligt
sein wollten. Auch Deutschland wäre von diesem Vorschlag wohl kaum begeistert gewesen,
denn diese „Europa-Centaur" war nun ein Träger ganz ohne deutsche Stufe. Ob damit sich
Deutschland an der Finanzierung beteiligt hätte, darf bezweifelt werden. Dieser Vorschlag
fand nicht einmal bei der eigenen Regierung Anklang und verschwand bald wieder in den
Schubladen.

| Typenblatt Europa-II TA | |
|---|---|
| Länge:<br>maximaler Durchmesser:<br>Startgewicht: | 31,70 m<br>6,51 m<br>153.000 kg |
| Einsatzzeitraum:<br>Starts / Fehlstarts<br>Zuverlässigkeit: | 1976 -<br>0 |
| Nutzlast: | 2.000 kg (in einen 200 km hohen äquatorialen Orbit)<br>600 kg (in einen GTO-Orbit)<br>270 - 300 kg (in einen GEO-Orbit) |
| **Stufe 1 Blue Streak** | |
| Länge:<br>Durchmesser:<br>Startgewicht:<br>Leergewicht:<br>Triebwerk:<br>Schub:<br><br>Brenndauer:<br>Treibstoff:<br>Spezifischer Impuls: | 18,37 m<br>3,05 m (3,69 mit Triebwerksverkleidung)<br>94.940 kg<br>6.289 kg<br>2 Triebwerke RZ2 III<br>2 × 671 kN (Meereshöhe)<br>2 × 758 kN (Vakuum)<br>160,3 s<br>LOX / Kerosin<br>2.438 m/s (Meereshöhe), 2.790 m/s (Vakuum) |

| Booster: 2 x Améthyste | |
|---|---|
| Länge: | 10,85 m |
| Durchmesser: | 1,403 m |
| Startgewicht: | 2 × 20.300 kg |
| Leergewicht: | 2 × 2.200 kg |
| Triebwerk: | 2 × Valois |
| Schub: | 2 × 353 kN (Meereshöhe), 2 × 396 kN (Vakuum) |
| Brenndauer: | 110 s |
| Treibstoff: | NTO / UDMH |
| spezifischer Impuls: | 2.160 m/s (Meereshöhe), 2.461 m/s (Vakuum) |
| **Stufe 2 Coralie** | |
| Länge: | 5,49 m |
| Durchmesser: | 2,01 m |
| Startgewicht: | 12.019 kg |
| Trockengewicht: | 2.109 kg (2.276 kg mit Stufenadapter) |
| Triebwerk: | 1 Triebwerk Vexin-A mit 4 Brennkammern |
| Schub: | 262 kN (Vakuum) |
| Brenndauer: | 103 s |
| Treibstoff: | Stickstofftetroxid / UDMH |
| Spezifischer Impuls: | 2.757 m/s (Vakuum) |
| **Stufe 3 Astris** | |
| Länge: | 3,815 m |
| Durchmesser: | 2,01 m |
| Startgewicht: | 3.993 kg |
| Leergewicht: | 798 kg (+ 258 kg Unter+Mittelteil als Stufenadapter) |
| Triebwerke: | 1 Triebwerk + 2 Vernier-Triebwerke |
| mittlerer Schub: | 22,56 kN + 2 × 0,4 kN |
| Brenndauer: | 375 s |
| Treibstoff: | Stickstofftetroxid / Aerozin-50 |
| Spezifischer Impuls (Vakuum) | 2.942 m/s Haupttriebwerk (2.864 m/s Steuertriebwerke) |
| **Nutzlasthülle** | |
| Länge: | 4,00 m |
| maximaler Durchmesser: | 2,01 m |
| Gewicht: | 345 kg |

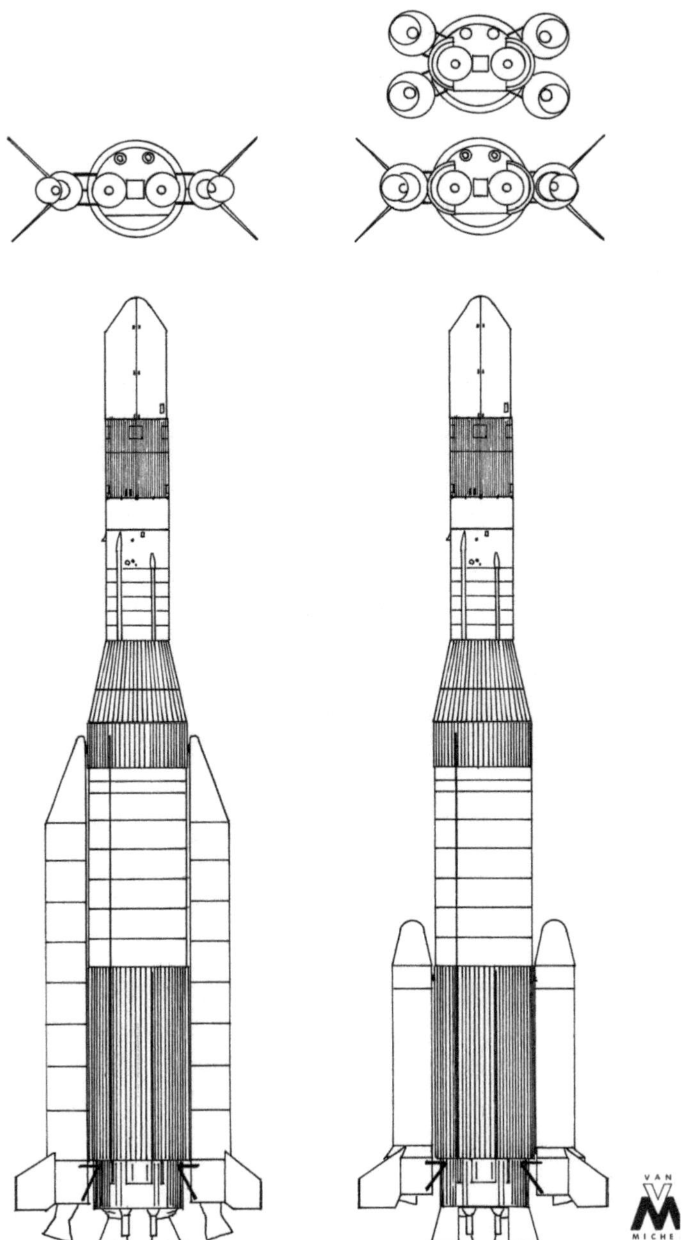

Abbildung 35: Die Europa-II TA mit den L17 Boostern (links) und P16 Boostern (rechts) in zwei und vier Booster Konfiguration © der Grafik Michel Van

# Die ELDO-C / Europa-IV

Von ganz anderem Kaliber waren die zahlreichen Projektstudien für eine Rakete, die große Booster zur Startunterstützung einsetzte. Die Vorschläge für die ELDO-C gehen zurück bis ins Jahr 1964.

Die Zentralstufe der kleinsten Version war eine verlängerte Blue Streak von 19,6 m Länge und mit vier Triebwerken. Ihr folgte eine 12 m lange Zweitstufe mit vier Triebwerken, die LOX und LH2 als Treibstoff nutzte. Sie entsprach der zweiten Stufe der ELDO-B2. Die dritte Stufe nutzte festen Treibstoff. Sie war 5 m lang und hatte 10 t Treibstoff. Zwei Feststoffbooster von 22 m Länge lieferten beim Start den nötigen Schub.

Schon diese Version hätte 7.000 kg in einen erdnahen Orbit und 2.500 kg in den GTO-Orbit befördern können. Andere Versionen mit bis zu zwei Blue Streak Boostern oder vier französischen Boostern mit jeweils 2,4 m Durchmesser und 4 Diamant Triebwerken pro Booster wurden untersucht. Die Rakete mit Blue Streak Boostern hatte auf den Skizzen eine gewisse Ähnlichkeit mit der Titan 3C/D.

Weitere Ideen zur Bündelung sahen die Verwendung der Blue Streak als zweite Stufe mit der Zündung nach den Boostern vor und die Beibehaltung der Coralie, nun aber als dritte Stufe. Die erste Stufe wäre in dieser Variante aus zwei bis sechs Boostern gebildet worden. Diese Lösung hätte die geringsten Entwicklungskosten erfordert. Die größte Version mit sechs Boostern wies eine Nutzlast von 11 t in einen erdnahen Orbit auf und lag damit in der Leistungsklasse der größten US-Rakete, der Titan III. Hawker-Siddeley arbeitete auch an Versionen der RZ-Triebwerke, die für eine zweite Stufe geeignet waren (Zündung unter Schwerelosigkeit, verlängerte Expansionsdüsen für den Betrieb im Vakuum) und an der Bündelung von vier Triebwerken anstatt zweien für die Booster. Diese ELDO-C war eine interessante Idee, denn durch Verwendung der Blue Streak als Booster wurden die Entwicklungskosten minimiert und die ELDO hätte praktisch mit nur geringen Investitionen aus den Komponenten der Europa I eine Trägerrakete mit der achtfachen Nutzlast erhalten.

Gedacht war 1964 sogar an eine Verwendung der ELDO-C für bemannte Einsätze. Mit 7 bis 11 t Nutzlast hätte sie die nötige Leistung dafür gehabt. Ab 1972 lief das Projekt der ELDO-C unter der Bezeichnung Europa IV. Bis zur Auflösung der ELDO hatte es aber die Zeichenbretter nicht verlassen.

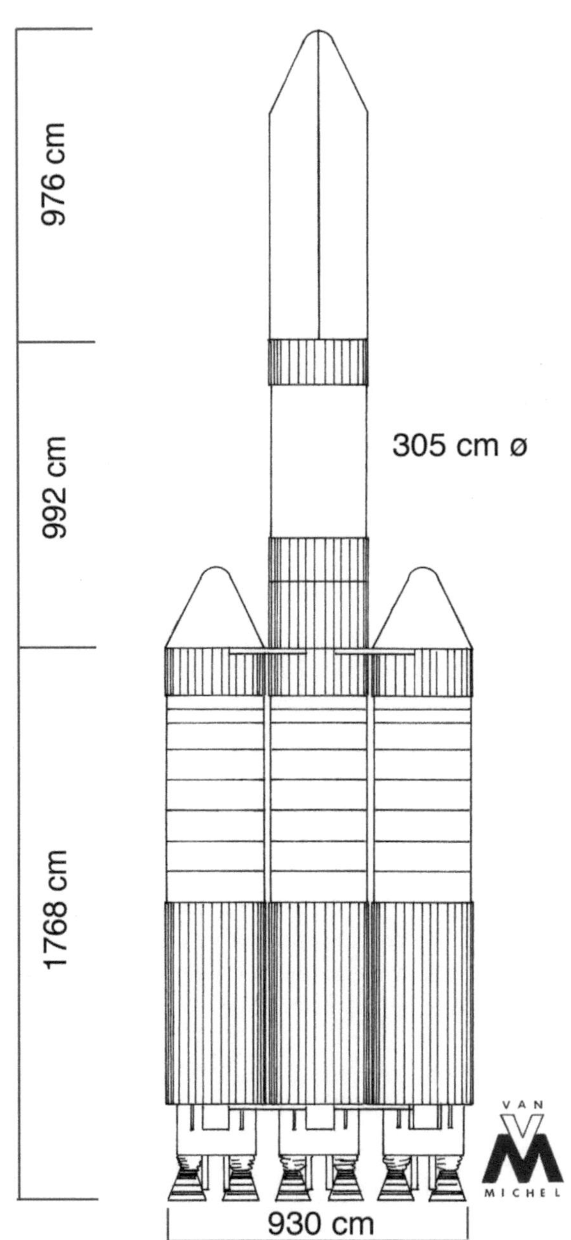



*Abbildung 36: Ein Europa-IV (ELDO C) Entwurf © der Grafik: Michel Van*

# Europa Starts

| Erfolg | Datum | Nutzlast | Trägerrakete | Nummer | Startplatz |
|---|---|---|---|---|---|
| √ | 25.05.1964 | - | Europa-I | F1 | Woomera LA6A |
| √ | 25.10.1964 | - | Europa-I | F2 | Woomera LA6A |
| √ | 22.03.1965 | - | Europa-I | F3 | Woomera LA6A |
| √ | 24.05.1966 | Coralie Dummy + Astris Dummy | Europa-I | F4 | Woomera LA6A |
| √ | 15.11.1966 | Coralie Dummy + Astris Dummy | Europa-I | F5 | Woomera LA6A |
| √ | 27.11.1966 | - | Cora | G1 | Hammaguir |
| — | 18.12.1966 | - | Cora | G2 | Hammaguir |
| — | 25.03.1967 | - | Cora | G3 | Biscarosse (CEL) |
| — | 24.08.1967 | Coralie + Astris Dummy | Europa-I | F6.1 | Woomera LA6A |
| — | 06.12.1967 | Coralie + Astris Dummy | Europa-I | F6.2 | Woomera LA6A |
| — | 29.11.1968 | STV 1 | Europa-I | F7 | Woomera LA6A |
| — | 02.07.1969 | STV 2 | Europa-I | F8 | Woomera LA6A |
| — | 12.06.1970 | STV 3 | Europa-I | F9 | Woomera LA6A |
| — | 05.11.1971 | STV 4 | Europa-II | F11 | CSG CECLES |

# Quellen/Referenzen


Kevin Madders: „A New Force at a New Frontier"

C.N. Hill: „A Vertical Empire"

ESA: „ESA Achievements BR-250"

ESA SP-1235: „A History of the European Space Agency 1958 – 1987"

Niklas Reinke: „Geschichte der deutschen Raumfahrtpolitik"

Arno Fellenberg: „ELDO/Europa die glücklose Europa Rakete"

F.-Herbert Wenz: „Die legendäre Europa Rakete"

T. Esch: „Raumfahrtantriebe"

Werner Büdeler: „Raumfahrt in Deutschland"

A. Riley: „Checkout Procedures for the computer program used in the ELDO Inertial Guidance System"

H. Dederra: „German Launchers".

Die Zeit 50/1967: „Coralie hatte kein Feuer"

Die Zeit 27/1972: „Analyse des Fehlstarts – Kritik an der Europa Rakete"

Die Zeit 39/1972: „Raketen für Frankreich"

Die Zeit 44/1972: „Die Europa-Traumfahrt"

Flight International 17.2.1961: „Strasbourg Proposal detailed"

Flight International 27.2.1964: „ELDO Progress described"

Flight International 30.4.1964: „Space Projects"

Flight International 11.6.1964: „Europa I"

Flight International 3.9.1964: „Testing Europa"

Flight International 8.10.1964: „ELDO's High Risk Program"

Flight International 22.10.1964: „How good is Europa-I?"

Flight International 2.12.1965: „Preparing for ELDO-B"

Flight International 2.6.1966: „Space Symposium at Brighton"

Flight International 16.2.1967: „ELDO Guidance Plan"

Flight International 13.7.1967: „Towards ELDO A"

Flight International 21.12.1967: „F6.2 Analysis"

Flight International 17.10.1968: „The Crisis in Europe"

Flight International 14.11.1968: „ELDO at the Crossroads“

Flight International 28.11.1968: „ELDO and the European Space Conference“

Flight International 24.4.1969: „Blue Streak a European Investment“

Flight International 1.5.1969: „ELDO goes ahead“

Flight International 3.7.1969: „ELDO prospects“

Flight International 11.9.1969: „ELDO's F.10 be reinstated?“

Flight International 25.12.1969: „Future Plans for ELDO“

Flight International 7.5.1970: „ELDO to drop Blue Streak“

Flight International 21.5.1970 „ELDO's new Rocket“

Flight International 28.5.1970 „Preparing for ELDO F.9“

Flight International 3.7.1970 „ELDO's F.9 Flight“

Flight International 9.12.1971: „The flight of F.11“

Flight International 29.6.1971: „Eldo analyzed“

Flight International 26.10.1971: „Europa III upper Stage detailed“

Flight International 10.5.1973: „The end of the ELDO“

Flight International 6.6.1974: „European co-operation – lessons from the past“

# Das CSG

Frankreich betrieb zum Entwicklungsbeginn der Diamant ein Startgelände bei Colomb-Béchar auf der Militärbasis Hammaguir in der algerischen Wüste. Dort fanden die Starts der Véronique Höhenforschungsraketen statt. Es gab vier Startrampen: Blandine, Bacchus, Béatrice und Brigitte. Von der Brigitte aus fanden auch die Starts der Diamant A und ihrer Vorläufermodelle der Edelstein-Serie statt.

Doch mit der Unabhängigkeit Algeriens im Jahr 1962 war die Zeit des Stützpunktes Hammaguir abgelaufen. Bis zum Juli 1967 musste das Militärgelände bei Colomb-Béchar an Algerien übergeben werden. Das führte dazu, dass die Diamant A zum Schluss im Wochenabstand startete, um die noch ausstehenden Starts zu bewältigen. Frankreich benötigte nun eine neue Startbasis.

Zuerst dachte die Regierung an Starts von der französischen Mittelmeerküste aus, von Biscarosse oder Le Bacares. Doch bei der Prüfung dieser Örtlichkeiten zeigte sich, dass Starts von dort aus über dicht besiedeltes Gebiet geführt hätten. Außerdem hätten sie nach Westen erfolgen müssen – gegen die Erdrotation. Beim Start nach Osten hätte eine Rakete Italien, Jugoslawien und einige dicht besiedelte Ostblockstaaten überflogen, was der französischen Regierung als zu riskant erschien. Die Geschwindigkeit der Erdrotation beträgt am Äquator 463 m/s. Um diesen Betrag erniedrigt sich der Geschwindigkeitsbedarf einer Rakete in eine Erdumlaufbahn, wenn sie nach Osten startet. Er erhöht sich aber um denselben Betrag, wenn in westliche Richtung gestartet wird.

Es gibt deshalb international nur ein einziges Startzentrum, von dem aus in Richtung Westen gestartet wird: Israel startet in Ermangelung einer Alternative seine Flugkörper von Palmachim aus nach Westen übers Mittelmeer, weil wegen der politischen Spannungen zwischen Israel und Syrien kein Start in östlicher Richtung möglich ist. Als Folge muss die Rakete eine um 9% höhere Geschwindigkeit erreichen, was die Nutzlast stark absenkt.

Frankreich legte im Jahr 1963 folgende Kriterien fest, die ein Startplatz erfüllen musste:

- Politische Stabilität
- Nähe zum Äquator (um die Erdrotation voll auszunutzen)
- Geringe Bevölkerungsdichte
- Tiefer Seehafen vorhanden
- Flugplatz vorhanden
- Nähe zu Europa

Insgesamt 14 Territorien kamen in eine erste Auswahl. Es waren die Seychellen, Trinidad, Nuku Hiva und Tuamotu in Französisch-Polynesien, Désirade in Guadeloupe, Djibouti in Französisch-Somalia, Kourou in Französisch-Guayana, Darwin in Australien, Tricomalee im damaligen Ceylon, Fort Dauphin in Madagaskar, Mogadischu in Somalia, Port Etienne in Mauretanien und Belem in Brasilien.

Diese zunächst große Auswahl reduzierte sich bei Anwendung der Kriterien rasch. Viele der Standorte wurden als politisch instabil eingeordnet, andere hatten keinen Seehafen oder Flugplatz in der näheren Umgebung oder die notwendigen Investitionen in die Infrastruktur wären zu hoch gewesen. Einige waren zu weit entfernt von Europa. Darwin war außerdem gefährdet durch Wirbelstürme, und Tuamotu hatte kein Trinkwasser in ausreichender Menge. Eine Empfehlung bekamen die Standorte Kourou, Darwin, Belem, Tuamotu und Trinidad. Aus ihnen wurde am 14. April 1964 Kourou ausgewählt. Von allen Kandidaten bot es die besten Voraussetzungen.

Kourou ist eine Hafenstadt am Atlantik in Französisch-Guyana im Nordosten von Südamerika. Es war durchaus nicht der ideale Startplatz. Der Seehafen musste ausgebaut wer-

*Abbildung 37: Die Startanlagen des CSG vom Satelliten aus gesehen*
*© des Bildes Microsoft/Virtual Earth*

den, und die hohe Luftfeuchtigkeit wurde als Problem angesehen. Aber es lag geografisch günstig und war kaum bevölkert. Auf einer Fläche von 90.000 km² lebten 1964 nur 45.000 Einwohner. Bis zum Jahr 2008 erhöhte sich die Einwohnerzahl auf 216.000, auch bedingt durch das Raumfahrtzentrum und den dadurch entstandenen, wirtschaftlichen Aufschwung. Französisch Guyana ist ein Übersee-Departement. Das bedeutet das Gebiet gehört politisch zu Frankreich und hat auch Vertreter im französischen Parlament, liegt jedoch außerhalb von Frankreich. Es sind im Prinzip ehemalige Kolonien, die darauf verzichteten unabhängig zu werden, weil hohe Transferzahlungen seitens Frankreich und der EU den Lebensstandard erheblich über den der Nachbarregionen angehoben haben. Französisch Guyana ist das flächengrößte Übersee-Department.

So schien die Entscheidung bereits gefallen zu sein, als Roussillon in der französischen Provence ins Spiel gebracht wurde. Dieser Standort sollte deutlich billiger als das Übersee-Departement sein. Für Roussillon beliefen sich die Kosten auf 15 Millionen Euro Investitionen und 2,3 Millionen Euro jährliche Betriebskosten, während für Kourou 40 Millionen Investitionskosten und 6,9 Millionen Euro Unterhalt pro Jahr aufzubringen waren. Aber Roussillon war nicht geeignet für große Raketen, es lag zu weit nördlich, und es lag in einer dicht besiedelten Region.

So wanderte die Entscheidung bis an höchste Stelle, und Ministerpräsident Pompidou entschied sich schließlich für Kourou.

Im Jahr 1966 erhielt der Aufbau einer Startbasis in Kourou einen weiteren Anschub. Die ELDO entschied, mit der Europa-II nach Kourou umzuziehen und 40% der Investitionskosten zu übernehmen. Damit stand der ELDO ein am Äquator bei 5,14 Grad nördlicher Breite gelegenes Startgelände mit ausreichendem Platzangebot zur Verfügung. Eine Fläche von 1.000 km² wurde nur für die Startbasis reserviert. Starts konnten sowohl zum Äquator als auch zum Pol hin erfolgen, in jeder Richtung über mindestens 3.000 km offenes Meer. Lange Zeit war Kourou nicht nur das einzige Startzentrum so nahe am Äquator, sondern auch das Einzige, mit dem Satelliten in jeden Orbit transportiert werden konnten.

# Europa-II

Für Starts in die geostationäre Bahn war der ursprüngliche Startplatz der ELDO, das australische Woomera, nicht geeignet. Bedingt durch seine Lage bei 31 Grad Süd, erforderte der Abbau der Bahnneigung viel Treibstoff, noch mehr als beim Start von Cape Canaveral aus. Zudem waren von Woomera nur Starts nach Norden möglich, sollte die Rakete nicht über bewohntem Gebiet niedergehen. Ein Start in die geostationäre Übergangsbahn hätte aber nach Osten erfolgen müssen.

Die Wahl des CSG für die Europa II lag daher auf der Hand. Kourou war ideal für Starts in den geostationären Orbit gelegen. Es waren auch polare Starts möglich wie in Woomera. Frankreich baute dort schon den Startkomplex für die Diamant B, und damit war auch ein Teil der nötigen Infrastruktur vorhanden.

Australien wurde 1961 als Startort für die Europa-I ausgewählt. Die Engländer bestanden auf einem Startplatz in ihrem Commonwealth. Die Franzosen wollten dagegen schon immer eine Startbasis in einem französischen Departement. Da traf es sich gut, dass Kourou auch geo-

*Abbildung 38: Das CSG mit der Startrampe der Diamant in den 70 er Jahren*

grafisch günstiger lag. Als England damals seine Beteiligung an der Europa laufend reduzierte, gab es bald keinen Grund mehr, an Woomera festzuhalten. Daher beschloss die ELDO schon vor dem ersten Start einer Europa-II, den Startkomplex in Woomera nach Flug F9 aufzugeben.

Die Anfangsinvestitionen für Kourou wurden 1968 auf 540 Millionen Francs veranschlagt. Davon waren 420 Millionen für die allgemeine Infrastruktur und 120 Millionen für die Startrampe der Europa-II vorgesehen. Die ELDO beteiligte sich mit 10 Millionen Francs/Jahr an den Unterhaltskosten.

Die Arbeiten für den Startkomplex der Europa II begannen 1969. Bereits Mitte 1971 war die Startplattform fertiggestellt. Am 9.5.1971 begannen die Tests der Anlage mit einem MSRV, einem Modell der Europa-II Rakete. Dieses wurde zum Training der Bodencrew aufgebaut. Damit wurden die Verbindungen zur Rakete, die Startprozeduren und Computerprogramme geprüft, sowie die Bodenmannschaft durch mehrmaliges Be- und Enttanken der Rakete und Probecountdowns geschult.

Es wurde eine Fabrik zur Produktion von flüssigem Sauerstoff und Stickstoff am Hafen von Kourou gebaut, und es entstand die Startplattform ELE (Ensemble de Lancement Europa). Sie bestand aus einem auf Schienen fahrbaren Montageturm, dem Starttisch mit dem darunter liegenden Flammenschacht, einem Wasserauffangbecken, einem Lager für Kerosin, Sauerstoff und Stickstoff und einem sehr markanten Wasserturm mit einem kugelförmigen Wasserbehälter auf einem dünnen Mast. Dieser Wasserturm steht noch heute an dieser Stelle. Er liefert das Wasser, mit dem der Flammenschacht geflutet wird, wenn die Rakete zündet. Ohne dieses "Kühlwasser" (welches sofort verdampft) würden die Flammen das Gestein schmelzen.

Dieses charakteristische Design der Anlage hatte einen hohen Wiedererkennungswert. Dazu kam noch das Startkontrollzentrum und technische Gebäude. Das Konzept ähnelte der Startbasis in Woomera. Die Europa wurde am Startplatz vertikal zusammengebaut, und vor dem Start wurde der Montageturm zurückgefahren.

Die Bahnverfolgung musste wegen der längeren Brennzeiten der Stufen erweitert werden. Zu der Bodenstation in Kourou kamen weitere in Gove (Senegal) und Brazzaville (Kongo) für GEO-Missionen hinzu, sowie in Port Stanley (Falkland Inseln) und Redu (Belgien) für SSO Missionen.

Zwei Testflüge (F11 und F12) waren finanziell abgesichert, auch nachdem England die ELDO verlassen hatte. Anstatt der bei der Europa-I eingesetzten Testsatelliten wurde eine Instru-

*Abbildung 39: Eine Europa I in Woomera vor dem Start*

mentenkapsel gestartet. Sie konnte mit zusätzlichen Messwertaufnehmern Daten von der Rakete, vor allem der Umgebungsbedingungen (Vibrationen, aerodynamische Belastung, Beschleunigungskräfte) zur Erde funken.

Es kam zu nur einem Start F11, der schon während der Betriebszeit der ersten Stufe endete, als der Bordcomputer ausfiel und die Rakete ohne Steuerung durch die aerodynamischen Kräfte zerstört wurde. Daraufhin wurde das Programm eingestellt, der Träger von F12 erreichte zwar noch das CSG, wurde aber nicht mehr gestartet.

Weitere geplante Flüge der Europa-II waren:

- F13:    Symphonie 1
- F14:    Symphonie 2
- F15:    COS-B
- F18:    GEOS
- F16 und F17 waren bei Einstellung des Programms noch nicht zugeteilt.

*Abbildung 40: Der Startkomplex ELE Anfang der 70 er Jahre*

# Abkürzungsverzeichnis

**Apogäum**: erdfernster Punkt einer Umlaufbahn.

**ASAT**: Arbeitsgemeinschaft Satellitenträger. Verantwortlich für die Astris Oberstufe. ASAT bestand wiederum aus den Firmen ERNO und MBB.

**ASI**: Agenzia Spaziale Italiana, die italienische Raumfahrtagentur. Die ASI unterhält enge Beziehungen zur NASA, innerhalb der ESA ist ihr Hauptprojekt die Entwicklung der Vega Rakete.

**CDL1**: Centre de Lancement No. 1: Gebäude, in dem die Startvorbereitung der Europarakete durchgeführt wurde.

**CFK**: Carbon Fiber Komposit: Technologie, die aus Matten von Kohlefasern in einer Matrix aus Kunststoff einen Verbundwerkstoff herstellt, der sehr leicht, aber trotzdem sehr belastbar ist. Zahlreiche strukturelle Teile die nicht tiefen Temperaturen ausgesetzt sind werden heute auch bei Trägerraketen aus CFK Werkstoffen hergestellt und dadurch leichter als analoge Bauteile aus Aluminium. CFK Werkstoffe haben die glasfaserverstärkten Kunststoffe (GFK) als Vorgängertechnologie vollständig ersetzt.

**CNES**: Centre National d'Études Spatiales: Die französische Weltraumagentur.

**CPU**: Central Processing Unit: Abkürzung für den Hauptprozessor eines Computers. Ältere Rechner haben oft auch zusätzliche Prozessoren für andere Aufgaben an Bord wie die FPU (Floating Processing Unit) für schnelle Gleitpunktberechnungen. Sie sind bei heutigen Prozessoren integriert.

**CSG**: Centre Spatial Guyanais: Der europäische Weltraumbahnhof in Französisch-Guyana, nahe am Äquator. Von hier aus werden Ariane und Vega gestartet.

**DFVLR**: Deutsche Forschungs- und Versuchsanstalt für Luft- und Raumfahrt: Deutsche Raumfahrtagentur bis 1989.

**ELDO**: European Launcher Development Organisation: Die ELDO entwickelte von 1961 bis 1972 die Europa I,II und III.

**ELE**: Ensemble de Lancement Europa: Bezeichnung für die Bodenanlagen der Europa II. Aus ihr entstand ELA 1.

**ERNO**: Entwicklungsring Nord: Zusammenschluss von Flugzeugherstellern in Norddeutschland, um gemeinsam als eigenständige Firma mit mehr Kompetenz bei Aufträgen aus dem Bereich Raumfahrt in Erscheinung treten zu können. 1982 fusionierte ERNO mit MBB zu MBB/ERNO.

**ESA**: European Space Agency: Die europäische Raumfahrtagentur.

**GEO**: Geosynchronos Earth Orbit: Eine kreisförmige Bahn in 35.887 km Höhe über dem Äquator. Hier beträgt die Umlaufszeit 24 Stunden. Da sich die Erde ebenfalls in 24 Stunden um ihre Achse dreht , nimmt ein Satellit von der Erde aus eine konstante Position ein. Eine Antenne muss nicht der Bewegung des Satelliten nachgeführt werden. Daher befinden sich in diesem Orbit die meisten Kommunikationssatelliten.

**GTO**: Geosynchronos Transferorbit: Eine Bahn mit einem erdnächsten Punkt von typischerweise 185-600 km höhen und einem erdfernsten Punkt von 35887 km. Im erdfernsten Punkt muss ein Satellit durch einen eigenen Antrieb nochmals Geschwindigkeit aufnehmen, um zu einem geostationären Satelliten zu werden.

**HM7**: Hydrogen Moteur 7 t Schub: Abkürzung für Triebwerke der halbstaatlichen Gesellschaft SEP, die mit der Kombination LH2/LOX betrieben werden.

**Hydrazin**: Giftige Stickstoffverbindung und Basis für die methylierten Hydrazine MMH und UDMH. Hydrazin kann durch Katalysatoren und Hitze gespalten werden. Es zerfällt unter Energieabgabe in Stickstoff und Wasserstoff und kann so als niederenergetischer Treibstoff genutzt werden. Hydrazin hat eine Dichte von 1,01 g/cm³.

**HTP**: High Test Peroxide: Hoch konzentriertes (85%) Wasserstoffperoxid, das als Oxydator in der Black Arrow verwendet wurde,

**HTPB** (Hydroxyterminiertes Polybutadien): der Binder, mit dem bei modernen Feststofftriebwerken Verbrennungsträger und Oxidator gebunden werden.

**Kavitation** ist die Bildung und Auflösung von Hohlräumen in Flüssigkeiten durch Druckschwankungen. Sie ist eine Ursache für den POGO-Effekt und kann in den Treibstoffleitungen auftreten.

**LEO**: Low Earth Orbit: Erdnaher Orbit, in dem die Nutzlast einer Trägerrakete maximal wird. Ein typischer LEO hat eine Bahnhöhe von 180 bis 250 km und die Bahnneigung entspricht dem geographischen Breitengrad des Startorts.

**LH2**: flüssiger Wasserstoff mit einer Temperatur von -253 °C. Seine Dichte beträgt 0,069 g/cm³. Wasserstoff liefert bei der Verbrennung mit Sauerstoff oder Fluor sehr viel Energie und damit die höchsten bekannten spezifischen Impulse.

**LOX**: flüssiger Sauerstoff mit einer Temperatur von -183 °C. Seine Dichte beträgt 1,141 g/cm². Flüssiger Sauerstoff ist ein sehr verbreiteter Oxidator in der Raketentechnik. LOX wird mit flüssigem Wasserstoff oder Kerosin verbrannt.

**MBB**: Messerschmidt-Bölkow-Blohm: Luft & Raumfahrtfirma, vor der Fusion mit ERNO verantwortlich für die Triebwerke der Astris und deren elektrisches System. Später erhielt MBB den Auftrag die Brennkammer der dritten Stufe der Ariane zu entwickeln. Auf Patenten von MBB basiert das Antriebskonzept der Space Shuttle Haupttriebwerke.

**MMH**: Monomethylhydrazin: Ein sehr oft verwendeter Raketentreibstoff. Er wird oft mit Stickstofftetroxid oder Salpetersäure als Treibstoffmischung verwendet. MMH ist zwischen -52 und +87°C flüssig und hat eine Dichte von 0,88 g/cm³.

**NASA**: National Aeronautics and Space Agency: Die Raumfahrtbehörde der USA.

**NTO**: Amerikanische Abkürzung für Stickstofftetroxid: NTO ist ein lagerfähiger Oxidator, der zusammen mit Hydrazinen selbst entzündliche Gemische bildet. Beide Eigenschaften sind ideal für Antriebssysteme, die über Monate und Jahre hinweg betrieben werden müssen. NTO hat eine Dichte von 1,45 g/cm³ und ist zwischen -11 und 21 °C flüssig.

**OBC**: OnBoard Computer: Die Abkürzung für den Rechner der Ariane 5 und Vega.

**PAS**: Perigee-Apogee-System : Bezeichnung für eine gepante Oberstufe für die Europa I für GEO-Transporte. Das PAS wurde zugunsten des preiswerteren P0.7 Antriebs eingestellt.

**Perigäum**: erdnächster Punkt einer Umlaufbahn.

**POGO**: Abkürzung von „Pogo stick": einem Springstock. Gefürchtete Schwingungen in Achse des Schubs, die zum Abreißen des Treibstoffflusses und zum Ausfall von Triebwerken führen können. Ursache ist kurzzeitiger Überdruck in der Brennkammer (z.B. Verbrennungsinstabilität), welcher den Druck in den Treibstoffleitungen ansteigen lässt und damit die Treibstoffförderung vermindert. In der Folge sinkt der Brennkammerdruck. Wenn dieser Zyklus die Resonanzfrequenz der Rakete trifft, findet positive Rückkopplung und damit eine Verstärkung des Effekts statt.

**RAE**: Royal Aircraft Establishment: britische halbstaatliche Organisation, welche die Black Arrow Trägerrakete entwickelte.

**SEP**: Société Européenne de Propulsion. Staatliche Entwicklungsfirma, welche die meisten Triebwerke, die bei Ariane 1-5 eingesetzt wurden, entwickelte.

**SEREB**: Société pour l'étude et la réalisation d'engins balistiques. Französische Organisation, die verantwortlich für die Entwicklung der ballistischen Atomraketen Frankreichs war. Die SEREB entwickelte die Diamant A und gab dann das Projekt an die CNES.

**Spezifischer Impuls**: ein Maß für den nutzbaren Energiegehalt eines Treibstoffs und die Effizienz eines Antriebs. Im SI-System wird dazu die Ausströmungsgeschwindigkeit der Gase genommen, wenn sie die Düse verlassen. In den USA wird der Wert durch die Erdbeschleunigung geteilt, und es wird eine Zeit als Dimension erhalten.

**SSO**: Sun-synchronous Orbit: Eine Umlaufbahn mit einer Bahnneigung über 90 Grad in einer Höhe von 600 bis 1.200 km. Ein Satellit auf dieser Umlaufbahn bewegt sich pro Umlauf um den gleichen Betrag rückwärts im Raum wie sich die Erde durch die Rotation um die Sonne vorwärts bewegt. Als Folge passiert er einen Punkt auf der Erde immer zur gleichen Ortszeit, und das fotografierte Gebiet wird unter konstanten Lichtbedingungen und identischem Schattenstand fotografiert. Daher werden vor allem Erderkundungssatelliten in einen SSO-Orbit gestartet.

**STV**: Satellite Test Vehicles: Testsatelliten für die Europa I.

**Sylda**: Systeme de Lancement Double Ariane: Doppelstartstruktur, die anders als die Speltda von der Nutzlasthülle umgeben wird, einen kleineren Durchmesser, als die Speltda aufweist und 300 kg leichter ist.

**TVC**: Thrust Vector Control System: Bezeichnung für ein System, mit dem die Schubrichtung eines Triebwerks verändert werden kann.

**UDMH**: Unsymmetrisches Dimethylhydrazin: Ein Hydrazinderivat, welches wie MMH zusammen mit NTO als Treibstoffkombination eingesetzt wird. Das AVUM setzt UDMH ein. Die Dichte von UDMH beträgt 0,78 g/cm³.

**ZL**: Zone de lancement: Bezeichnung für die eigentliche Startrampe im CSG. Es gibt derzeit drei aktive Startrampen für die Sojus, Ariane 5 und Vega.